THE AVIATION FACTFILE CONCEPT AIRCRAFT

X 战机档案·II

〔美〕吉姆·温切斯特（Jim Winchester）著　　张立功　译

中国市场出版社
China Market Press

图书在版编目（CIP）数据

X战机档案·II/（美）温切斯特（Winchester, J.）著；张立功译. —北京：中国市场出版社，2014.11

书名原文：The Aviation Factfile Concept Aircraft

ISBN 978-7-5092-1287-5

Ⅰ.①X… Ⅱ.①温…②张… Ⅲ.①歼击机—介绍—世界 Ⅳ.①E926.31

中国版本图书馆CIP数据核字（2014）第186614号

著作权合同登记号：图字01-2014-4999

出版发行	中国市场出版社			
社　　址	北京月坛北小街2号院3号楼		邮政编码	100837
出版发行	编　辑　部（010）68034190		读者服务部（010）68022950	
	发　行　部（010）68021338　68020340　68053489			
	68024335　68033577　68033539			
	总　编　室（010）68020336			
	盗版举报（010）68020336			
邮　　箱	1252625925@qq.com			
经　　销	新华书店			
印　　刷	三河市宏凯彩印包装有限公司			
规　　格	170毫米×230毫米　16开本	版　次	2014年11月第1版	
印　　张	13	印　次	2014年11月第1次印刷	
字　　数	260千字	定　价	58.00元	

版权所有　侵权必究　　印装差错　负责调换

目录
CONTENTS

谢尔瓦公司（CIERVA）

"自动陀螺"（AUTOGYROS）飞机   1

康维尔公司（CONVAIR）

B-36轰炸机（Ficon）   10

NB-36H飞机   20

R3Y"信风"（TRADEWIND）飞机   28

XF2Y"海标枪"（SEA DART）飞机   36

XFY1"波戈"（POGO）飞机   46

柯蒂斯－莱特（Curtiss-Wright）公司

X-19飞机   56

DASA/欧洲航天公司（EUROSPACE）/ NASA

桑格/赫耳墨斯（SÄNGER/HERMES）/X-30飞机   64

达索公司－布雷盖公司

"幻影4000"   72

德·哈维兰公司

DH.108"燕子"（SWALLOW）飞机   80

迪普大森（DEPERDUSSIN）

硬壳式构造的竞赛飞机   88

多尼尔（DORNIER）

Do X飞机   96

Do 29飞机   104

CONTENTS

道格拉斯公司（DOUGLAS）

D-558"天空闪光"/"天空火箭"（SKYSTREAK/
　　SKYROCKET） 112

X-3飞机 120

欧洲战斗机联合体

EF2000 128

费尔雷公司（FAIREY）

远程单翼机 136

"德尔塔"（DELTA）2飞机 144

"旋飞"（ROTODYNE）飞机 152

英国格洛斯特（GLOSTER）飞机公司

"流星"（Meteor）飞机 160

格罗斯特公司（GLOSTER）

"流星"（METEOR）Mk 8（PRONE PILOT）飞机 168

哥达公司（GOTHA）

Go 229［霍顿（Horten）Ho IX］飞机 176

格鲁曼公司

X-29飞机 184

汉德利·佩奇公司（HANDLEY PAGE）

H.P.75/88/115飞机 194

谢尔瓦公司（CIERVA）

"自动陀螺"（AUTOGYROS）飞机

● 旋转翼–固定翼飞机　● 西班牙人发明　● 英国制造

胡安·安德拉·谢尔瓦（Juan de la Cierva）1895年9月出生。在15岁时，他设计和建造了一架滑翔机，并在1918年设计和建造了其首架三发飞机。他的真实目的是设计一架能在一台发动机出现故障后，仍能维持升力并安全着陆的飞机。用当时可获得的发动机和材料来建造一架实用直升机是不可能的，因此他转向了一种飞机概念设计，即用一个无动力旋翼提供升力，用一个常规的螺旋桨来提供推力。

▲ 谢尔瓦的"自动陀螺"飞机是首架实用旋翼机之一。但是无论如何，直到20世纪30年代中期，用一架"自动陀螺"飞机实现垂直起飞才是可能的。直到第二次世界大战末期，该直升机才展示了其无可匹敌的多功能性。

谢尔瓦 "自动陀螺" 飞机

◄ 航空部的飞机

英国航空部对谢尔瓦的设计感兴趣始于20世纪20年代的C.6飞机。阿芙罗（Avro）公司是最终获得授权建造"自动陀螺"飞机的几个英国公司之一。英国皇家空军评估了几种原型机，包括C.6、一架C.8L以及C.19飞机。1934—1935年，英国皇家空军接收了12架C.30A飞机。

▼ 首次成功

由于从西班牙政府得到了补贴，谢尔瓦用阿芙罗（Avro）的504K机身建造了C.6系列。由于该机型是如此的成功，以至于谢尔瓦在英国创建了一家公司。

▲ 谢尔瓦的首架"自动陀螺"飞机
使用一架法国的Deperdussin单翼机的机身，谢尔瓦建造了C.1飞机，但是该机无法飞！

▶ 垂直升起的C.40飞机
1938年的C.40飞机能够进行一种直接垂直起飞。这是通过主旋翼的零迎角桨叶的高速旋转来实施的，然后选择正桨距来产生升力。

◀ 商业上的成功
商业上最成功的早期设计是C.19，首种用于特定目的建造的"自动陀螺"飞机。建造了29架飞机。

"自动陀螺"飞机档案

- 20世纪30年代，12架C.30A飞机（指定代号为Rota Mk I）被交付给英国皇家空军，紧接着在1939年之后交付了13架民用飞机。
- 其中现存的"自动陀螺"飞机是一架现存于伦敦皇家空军博物馆的Rota Mk I飞机（C.30A）。
- 英国建造的C.19飞机被卖给了多个国家，例如新西兰、日本和澳大利亚。
- 在第二次世界大战期间，利用"自动陀螺"飞机的原理，在一辆吉普车的上面安装了一个旋翼，并将其拖在一架飞机的后面。
- 1927年7月30日，在一架C.6D飞机上，胡安·安德拉·谢尔瓦成为首个"自动陀螺"飞机的乘客。
- 20世纪20年代后期，谢尔瓦学会了如何驾驶他自己的"自动陀螺"飞机进行飞行。

使用旋翼升空

谢尔瓦的"自动陀螺"飞机：术语"'autogyro'（自动陀螺）"是胡安·安德拉·谢尔瓦为了描述他的飞机杜撰的，用这种机构，随心所欲的主旋翼为垂直飞行提供了升力。

向前运动：当旋翼锁定时，发动机被起动并向前拉动飞机。在早期设计上，旋翼是不锁的，气流会驱动旋翼旋转。

▲ 早期的"自动陀螺"飞行受到事故的困扰。头三种设计升空失败，最终在1923年由C.4飞机实现了飞行。

偏转旋翼： C.30飞机使用了一个来自于发动机的驱动轴来起动旋翼旋转。一旦旋翼达到需要的每分钟转数，它就被向后倾斜。

来自于旋翼的升力： 结合飞机的向前运动，旋转的旋翼桨盘提供了升力，很像直升机。

在第二次世界大战期间，令人印象深刻的进入到英国皇家空军服役的三架谢尔瓦C.30a飞机之一，这架飞机是之前的G–ACWH。1943—1944年，第529中队使用了一些ROTA飞机用于雷达校准任务。

为了在起飞之前起动主旋翼旋转，C.19和后来的设计采用了一个来自于主发动机的驱动传输系统。这从驾驶舱中通过一个旋翼离合器和制动器来进行操作。

在C.30A飞机上安装了一台7缸的阿姆斯特朗–西德利Genet Major IA星形发动机，其额定功率是104千瓦（139马力）。在英国皇家空军，该发动机被称为Civet I。

虽然谢尔瓦最初的设计采用了现有的飞机机身，但是C.19以及随后的机型是专门建造的。66架由A.V. Roe和Co. Ltd授权建造，全部都在曼彻斯特（Manchester）。在法国，廖雷–ET–奥利维尔（Lioré–et–Olivier）建造了25架指定代号为LeO C301的飞机，而福克 – 沃尔夫（Focke-Wulf）则建造了40架飞机。

谢尔瓦的C.30A飞机

机型：通用的旋翼机

动力装置：一台104千瓦（140马力）的阿姆斯特朗–西德利Genet Major IA星形发动机

最大飞行速度：177千米/小时（110英里/小时）

巡航速度：153千米/小时（95英里/小时）

航程：459千米（285英里）

实用升限：5800米（19000英尺）

重量：空重553千克（1217磅）；最大起飞重量816千克（1795磅）

装载人数：飞行员和观察员

外形尺寸：主旋翼直径   11.28米（37英尺）

              机高   6.01米（19英尺9英寸）

              机长   3.38米（11英尺1英寸）

              旋翼桨盘面积   99.89平方米（1075平方英尺）

C.30飞机是一架双座飞机，驾驶员坐在后座舱中。驾驶员用连接到旋翼桨毂上的操纵杆能够解锁和偏转（侧向的，以及前向和后向的）主旋翼。

为了偏航稳定性，C.30的垂直操纵面具有一个相当大的区域。在一个大的固定式垂直安定面的极后部有一个小调整片。此外，还配备了一个小腹鳍。水平安定面的两端上翘，以获得额外的稳定性。

C.30的机身结构是带有布蒙皮的硬铝管材。后来的C.40飞机在金属内部框架上使用了木制蒙皮。

C.30A飞机上的其中一些新特性是采用了可折叠的旋翼桨叶以方便机库存放，以及在水平尾翼的左半翼上采用了一个反向的翼型截面以抵消旋翼的扭矩。

西班牙的旋翼–固定翼飞机先驱

谢尔瓦为其飞机上的"自动陀螺"设计申请了专利。其关键特性——直升机发展的一个重要贡献——是铰接式旋翼桨毂。其摆振铰和挥舞铰允许单独的旋翼桨叶用于上升和下降以及"稳定"（evened out）升力。第一种可行的飞机C.4，在1923年1月飞了4.8千米（3英里）。到1928年9月，谢尔瓦的C.8L Mk II设计，在一架阿芙罗504机身上采用了一台149千瓦（200马力）"山猫"（Lynx）发动机作为动力装置，进行了一次40千米（25英里）的跨越英吉利海峡的飞行，并到达了巴黎。

1936年12月，谢尔瓦死于克罗伊登（Croydon）的一次客机坠毁事故中，当时他的设计理念已经被人们接受。他曾在英国组建了自己的公司，他的设计在英国、美国、法国和德国进行了生产。C.40飞机采用了一个新研制的偏转旋翼，可以允许该机垂直起飞。

▼ 在C.24上，具有德·哈维兰与众不同的流线型造型，该机由谢尔瓦公司于1931年设计和建造。

最大飞行速度

Rota Mk I（C.30A）相比于固定翼菲泽勒的斯托奇（Fieseler Storch）飞机有一个最高时速。虽然英国皇家空军的Rotas飞机被指派与陆军学院合作，但是它们不久就被指派了一项岸基雷达校准职责。斯托奇是一种广泛使用的德国短距起降联络飞机。

C.30A飞机　　　　　　　　　177千米/小时（110英里/小时）

FI 282 V21 KOLIBRI飞机　　150千米/小时（93英里/小时）

Fi 156C-1 斯托奇飞机　　　175千米/小时（109英里/小时）

动力

由于发动机的功率稍大一点，FI 282搜救和定点飞行直升机能够使用两个交叉式旋翼完成垂直飞行。斯托奇短距起降飞机有一个更大的发动机，但是没有多功能旋转翼，依靠飞机跑道来操作。

C.30A飞机
104千瓦（140马力）

FI 282 V21 KOLIBRI飞机
119千瓦（160马力）

Fi 156C-1 斯托奇飞机
179千瓦（240马力）

航程

谢尔瓦的C.30A飞机有一个良好的航程性能，这可以媲美于斯托奇飞机。航程不好是早期直升机设计的一个缺点。Kolibri飞机是一种带有小的内置载油量的小型双座机，而谢尔瓦使用了一个相似于固定翼飞机的较大的机身，当然带有较大的载油量。

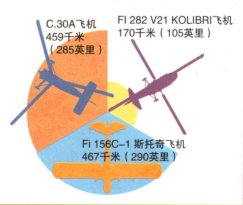

C.30A飞机
459千米
（285英里）

FI 282 V21 KOLIBRI飞机
170千米（105英里）

Fi 156C-1 斯托奇飞机
467千米（290英里）

康维尔公司（**CONVAIR**）

B-36轰炸机（Ficon）

● 巨型战略轰炸机　● 侦察型航空母机

　　B-36轰炸机是冷战时代的威慑"大棒"，从1948年到1959年，其中的383架这种巨型轰炸机是当时强大的战略空军司令部的骨干力量。这是西方国家曾经飞过的最大的战机，它们曾经搭载了有史以来制造的最大的氢弹，并环绕全球承担着核警报或高度危险的间谍任务。在某个阶段，它们还曾搭载过自己的战斗机。

康维尔公司 B-36轰炸机

▲ **六个反转，四个工作**
B-36轰炸机后来的机型在翼下吊挂了4个喷气发动机，以提供额外的起飞推力。

◄ B-36轰炸机虽然巨大，但是其令人难以置信的重量依靠一个单主轮支撑着。虽然这种主轮还不是有史以来一架飞机所用过的最大的机轮，但是这种主轮的尺寸也已经使地勤人员相形见绌。

▲ 机组成员

虽然在"大棒"飞机上搭载的人数不少于17人，但是其内部的住宿条件是相当宽敞的。

▲ 轰炸机试验台

这架B-36轰炸机搭载着一个康维尔公司的B-58"盗贼"（Hustler）飞机的缩比模型用于气动力投放试验。

▲ 翼尖战斗机

　　在FICON项目之前，美国空军使用这个陌生的附件试验了将F-84战机拖离B-36翼尖。

▲ 装卸跳板

　　在一架B-36轰炸机下面没有太多的空间。为了建立FICON轰炸机组合，轰炸机必须被停放到一个坡道上，以便侦察型战斗机能被挤放在下面。

一种致命的组合

起初设计该机的目的是为了从美国境内的基地起飞去德国上空投放炸弹，巨大的B-36开始是设计为一架6发轰炸机，但是不久又增加了4台喷气式发动机，这使该机在1948年投入服役时成为一架10发的庞然大物。该机的任务是用MK-17这样的氢弹，采取报复性攻击撕裂苏联的"心脏"，该氢弹重量超过一架DC-3运输机的重量，是美国军事上曾经部署过的最大的炸弹。

当B-36轰炸机飞过头顶时，它会遮住太阳。在俚语中，它被称为"铝阴"（aluminum overcast）。该轰炸机是如此长，以至于机组成员要通过一个动力小车来输送自己通过机头机尾之间方向的飞机中部。

在高空，B-36轰炸机宽大的机翼能抓住这样多的空气，以至于该轰炸机的机动性比喷气式战斗机还要好。用这种巨大的、令人难以置信的飞机承担任务的时间可以持续44个小时。美国再没有其他的轰炸机曾经达到过像B-36轰炸机这样的尺寸、重量和载弹量。

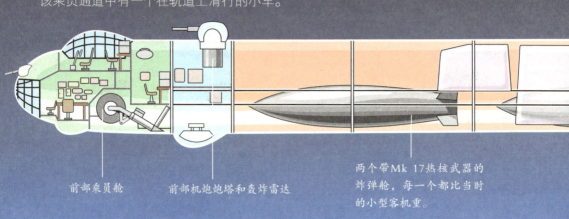

B-36轰炸机的内部

B-36轰炸机基本上是一个长管形。两个乘员舱（绿色的）被一个乘员通道连接起来，该乘员通道中有一个在轨道上滑行的小车。

前部乘员舱

前部机炮炮塔和轰炸雷达

两个带Mk 17热核武器的炸弹舱，每一个都比当时的小型客机重。

▲ NB-36H飞机装载了一个核反应堆，以测试其在飞机上的效果。下一步将是一个核动力轰炸机。

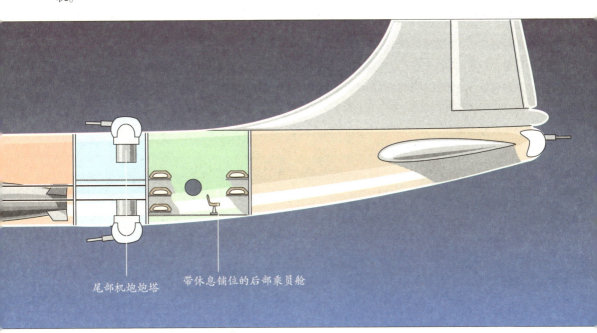

尾部机炮炮塔　　　带休息铺位的后部乘员舱

B-36轰炸机档案

◆ 一些B-36轰炸机进行了更改，以在炸弹舱中装载一架战斗机。

◆ 康维尔公司在B-36轰炸机的基础上开发了一种巨型运输机——试验型XC-99飞机，但是这种巨型运输机从来没有投入服役。

◆ B-36轰炸机的雷达和通信系统使用了3000个真空管。

◆ 飞过B-36轰炸机的机组成员，从来没有给该机起过绰号。直到该机退役多年后，才给这个庞大的轰炸机指定了一个适当的绰号"和平缔造者"（Peacemaker）。

◆ B-36执行任务的持续时间是如此长，以至于，据说该机配备的计时工具是日历，而不是时钟。

B-36轰炸机

类型：洲际战略轰炸机

动力装置：6台2834千瓦（3800马力）的普拉特&惠特尼公司产R-4360-53星形活塞发动机和4台23.13千牛（5200磅）推力通用电气的J47-GE-19涡喷发动机

最大飞行速度：在11000米高度为700千米/小时（435英里/小时）

航程：载弹量为4500千克（9921磅）时的航程为10944千米（6800英里）

实用升限：14780米（48490英尺）

重量：空重77581千克（171037磅）；整机重185976千克（410007磅）

武器装备：在机头、机尾和6个机身炮塔有16门20毫米机炮，再加上高达39000千克（85980磅）的载弹量

外形尺寸：翼展　　　　70.10米（230英尺）

　　　　　　机长　　　　49.40米（162英尺1英寸）

　　　　　　机高　　　　14.22米（46英尺8英寸）

　　　　　　机翼面积　　443.32平方米（4772平方英尺）

最大飞行速度

　　用了不到十年的时间就跨越了波音公司的B-29飞机、康维尔公司的B-36飞机和波音公司的B-52飞机的首次飞行，而且在当时，最大飞行速度几乎增加了一倍。所有这三种轰炸机用它们巨大的机翼和强大的发动机功率超越了拦截机的飞行高度。

B-52 "同温层堡垒"（1952年）　　　965千米/小时（600英里/小时）

B-36 "和平缔造者"（1946年）　　　700千米/小时（435英里/小时）

B-29 "超级空中堡垒"（1942年）　　　570千米/小时（354英里/小时）

实用升限

　　在导弹出现之前，在高空轰炸被看成对付战斗机的唯一的防护方法。B-36轰炸机（FICON）使用了另一种技术——其搭载的战斗机飞到最后——任务的最危险部分。

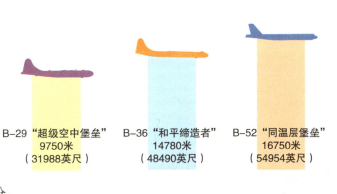

B-29 "超级空中堡垒"
9750米
（31988英尺）

B-36 "和平缔造者"
14780米
（48490英尺）

B-52 "同温层堡垒"
16750米
（54954英尺）

重量

　　对于洲际航程需要巨大的载油量，同样，部署第一代氢弹迫切需要巨大的载运能力，因此看到在B-29和B-52飞机的10年间，重型轰炸机的最大重量突飞猛进。

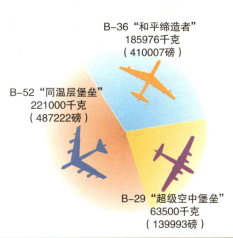

B-36 "和平缔造者"
185976千克
（410007磅）

B-52 "同温层堡垒"
221000千克
（487222磅）

B-29 "超级空中堡垒"
63500千克
（139993磅）

B-36轰炸机

凭借其巨大的尺寸，B-36轰炸机自然成为执行秘密战略侦察计划的一个理想的航空母机。一个小型侦察战斗机被挂载在该机上到达很远距离的目标上空，投放下去，获得侦察图片，然后被拖回美国。

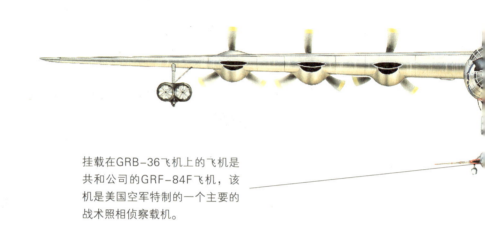

挂载在GRB-36飞机上的飞机是共和公司的GRF-84F飞机，该机是美国空军特制的一个主要的战术照相侦察载机。

战斗机载机［FICON（Fighter Conveyor）］组合虽然在1955年参与了作战，但是只有极少数的飞行任务。参战部队是第91战略侦察部队。

"雷闪"（Thunderflash）战斗机被装载在一个复杂的吊架上，该吊架从炸弹舱飘下来。炸弹舱的舱门被拆除以便战斗机能紧贴安装。

为了在目标上空给巨大的轰炸机一个额外的爆发速度，B-36轰炸机安装了4台J47涡喷发动机以增强驱动螺旋桨的6台巨大的活塞式发动机的动力。

作战型轰炸机在后机身有两对机炮炮塔，由专门的机炮手在观察哨所远距操纵。当没有受到敌人的威胁时，机炮收回，并用滑动的面板盖上。

O-492092

B-36轰炸机被天线和用于电子设备和轰炸雷达的雷达天线罩所覆盖。很多改型机把巨大的侦察相机楔入炸弹舱中。

B-36轰炸机通常挂满了防御机炮，标准型轰炸机装备了不少于16门的20毫米机炮，其中包括尾部的2门。FICON飞机把它们全都移除以减轻飞机重量。

康维尔公司（CONVAIR）

NB-36H飞机

● 核反应堆载机　● X飞机　● 只建造了一架

作为20世纪50年代典型的核狂热的产物，NB-36是X-6核动力轰炸机的原型机，但是X-6飞机从来没有被建造。旨在采用核动力和常规喷气动力的混合动力进行飞行，在1955年到1957年，NB-36飞机进行了47次飞行。令人印象深刻的是，整个概念与常规飞机的先进性无关，美国空军后来取消了该项目。

▲ 这架"十字军战士"（Crusader）飞机与一个B-29/50"超级堡垒"编队一起进行了其47次试飞中的一次飞行。

康维尔公司 NB-36H飞机

▲ 辐射危害

垂尾上巨大的辐射危险徽章表明了所有有关NB-36H飞机的一切。虽然有很多关于机组成员的安全屏蔽，但是全部都是浪费。

▼ 混合动力

与所有的B-36飞机一样，NB-36H飞机有一个混合动力装置，采用了R-4360活塞发动机和J-47涡轮喷气发动机，以及庞大的一兆瓦反应堆。

◀ 生产线

虽然康维尔公司在20世纪50年代尽可能快地生产了B-36飞机，但是命运多舛的X-6飞机从来没有进入生产。只有一架NB-36H飞机曾经升入空中。

▼ 最后下线

B-36的生产在1954年8月结束，NB-36H是最后的可飞改型机。该机还曾被改装用于侦察飞行。

▶ 远距离巡航飞机

虽然X-6飞机可能能够进行无限距离的巡航飞行，但是NB-36H飞机从来没有进行过超越美国国境的飞行试验。

NB-36H飞机档案

◆ 在试验计划结束时，在拆去反应堆后，NB-36H飞机报废。

◆ 座舱舱盖的防辐射部分有25厘米（10英寸）厚。

◆ 在核动力飞机项目中的花费不少于469350000美元。

◆ 机组成员的防护采用了一个30厘米（12英寸）厚的水窗、一个5厘米（2英寸）厚的后部铅屏蔽以及一个52厘米（20英寸）厚的塑料。

◆ 在X-6飞机上，整个动力装置的重量，包括反应堆，重达70吨。

◆ 在每次飞行之后，R-1反应堆都被拆除和测试，以用于研究。

战略空军司令部的"大棒"

■ **B-36A飞机**：B-36飞机的头一个型号在1948年投入服役，没有装备武器装备，主要用作战术训练飞机，以证明超远距离轰炸的概念。

■ **RB-36E飞机**：由于B-36侦察机型超远的航程，该机被发展成在世界各地承担照相侦察任务的侦察机。

■ **B-36J飞机**：在次轻量级（Featherweight）项目下，发展的B-36飞机的最终型号，虽然性能增加，但是喷气式轰炸机还是很快就取代了B-36飞机。

NB-36H飞机

这架单独的NB-36H飞机，编号是51-5712，从1955年9月一直飞行到1957年3月。由康维尔公司给起的绰号是"十字军战士"（Crusader）的这架飞机，有一个特制的机头部分和一个核反应堆舱。

反应堆安置在该机的后炸弹舱中。为了装载反应堆，该机在康维尔公司的沃思堡（Fort Worth）工厂的一个特殊的坑上进行滑行，以便把反应堆吊进炸弹舱中。当装载反应堆时，该坑就用铅门进行封闭。

机组成员登机口是机身顶部一个特制的圆柱形舱口。由于铅屏蔽的重量全围在了它的周围，因此该舱门的打开就必须使用机械装置。

出人意料的是，NB-36H飞机的机翼完全是标准的，也就是说，对这样一个大型的工程这是一个合适的用语。X-6飞机的机翼将采用一种完全不同的结构，其将带有一个通过它们的来自反应堆的热交换系统。

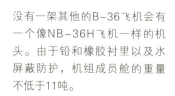

没有一架其他的B-36飞机会有一个像NB-36H飞机一样的机头。由于铅和橡胶衬里以及水屏蔽防护，机组成员舱的重量不低于11吨。

该机的机翼位置安装了6台活塞发动机，并在两个翼尖各安装了一个辅助用的喷气发动机吊舱。该机在整个试验计划期间用的都是常规动力，从来没在任何阶段用过核动力。

NB–36H 飞机

机型：核动力战略轰炸机试验机

动力装置：6台2834千瓦（3800马力）活塞发动机和4台23.13千牛（5200磅）推力的涡轮喷气发动机，以及一个功率达一兆瓦的R–1核反应堆

最大飞行速度：616千米/小时（383英里/小时）

续航性能：理论上无限

机组成员：5名

航程：理论上无限

重量：空重102272千克（225471磅）；装载后重量163636千克（360755磅）

武器装备：核弹

外形尺寸： 翼展　　　　69.60米（228英尺4英寸）

机长　　　　49.00米（160英尺10英寸）

机高　　　　14.08米（46.2英尺2英寸）

机翼面积　　443.3平方米（4771平方英尺）

任何关于NB–36H飞机使命的怀疑都被涂装在垂尾上的巨大的辐射符号冲散了。该试验反应堆的尺寸小，是因为其实际上并不用于驱动飞机上的任何系统。

15712

242

机身装饰了鲜明的、红蓝色条带，"Convair Crusader"（康维尔十字军战士）标志涂装在前部机身。机身的其余部分裸露着金属色。

后机身上的大型冷却空气进气口是NB–36H飞机的另一个特征，就像是更改后的尾椎形状。在右侧还安装了一个相似的进气道。

用核动力进行飞行

着迷于无穷动力的潜在价值，美国空军早在1944年就启动了一项核动力飞机项目。唯一适合改装这样一个项目的飞机就是康维尔公司的巨型B-36轰炸机。康维尔公司开始着手设计X-6飞机（一架未来的用于核动力轰炸机的巨型飞机试验机），和NB-36H飞机（用于试验适合机组成员生存的防护要求）。机翼和发动机使用的是标准型B-36H飞机的。机头，无论如何进行了更改。这是一种11吨的，内衬铅、橡胶和水箱等防辐射结构。液体钠冷却反应堆实际上并没有用于该机的动力装置，因为该系统将用在X-6飞机上，但是该系统被吊挂在炸弹舱中，在该机的47架次的大多数飞行中，进行了临界试验。理论依据是该机可能用核动力进行巡航，并用附加的化学能源，实现对目标的冲刺。

▲ 有关NB-36H飞机的一切事情就是大型和令人印象深刻。虽然该机无疑是一项伟大的技术成就，但是这个概念是一个死胡同，因为还从来没有核动力飞机飞行过。

该技术的确令人印象深刻。X-6飞机将用常规的喷气动力起飞，然后用反应堆把空气加热到超过1000℃驱动飞机前飞。

后来，更好的喷气发动机提出了另一种概念设计，因此空军在1957年停止了NB-36飞机的飞行。公众对用核反应堆进行飞行的恐惧导致该项目在20世纪60年代后期被终止。

▼ 即使没有核反应堆，NB-36H飞机也是一项令人难以置信的工程。

作 战 数 据

最大飞行速度

　　尽管使用了惊人的动力，但是战后的B-36机型的飞行速度还是只比战时的B-29飞机速度只快一点点。但是无论如何，该机远远重于B-29飞机，而且能携带大规模的防御和进攻武器飞越甚至B-29飞机不携带武器装备都飞不到的距离。额外的重量使NB-36H飞机飞得比一架B-36飞机还慢。

| NB-36H飞机 | 627千米/小时（390英里/小时） |

| B-36D飞机 | 700千米/小时（435英里/小时） |

| B-50A飞机 | 620千米/小时（385英里/小时） |

康维尔公司（CONVAIR）

R3Y "信风"（TRADEWIND）飞机

● 涡轮螺旋桨水上飞机　● 运输加油机　● 在美国海军进行了有限的服役

　　作为康维尔公司最后的一种水上飞机和世界上第一架涡轮螺旋桨水上飞机，它是一架巨型飞机，开始是作为一架巡逻飞机使用的，后来演变成一架运输机，但是作为一架运输机和空中加油机在美国海军的服役期很短暂。当该机开始出名时，只有一个中队在使用这种"信风"飞机。虽然该飞机具有相当大的潜力，但是在当时该机遭遇了用未经考验的发动机来提供动力的事情，因为当时的趋势是朝着陆基海军飞机的方向发展。

▲ 虽然是作为海上巡逻飞机开始了服役生涯，而且P5Y飞机总是显露出作为一架运输机的潜力，但是无论如何，发动机问题一直困扰着该机的设计，并最终导致了该机型的下马。

康维尔公司 R3Y "信风" 飞机

▲ R3Y-1飞机的首飞

没有R3Y-2飞机的机头舱门，早期的
"信风"飞机在机翼后部的机身上有一
个巨大的舱门。

▼ 正在进行空中加油的"信风"飞机

1956年，4架飞机配备了空中加油设备。
燃油装载在机翼中，以便腾出机身空间
用于装载货物。

◀ **孤独的P5Y飞机**
1950年，唯一的一架XP5Y飞机起飞升空。这是世界上第一架涡轮螺旋桨水上飞机。

▲ **特制的搁浅支架**
当在陆地上时，P5Y/R3Y飞机会使用一个巨大的10吨重的、自走式支架。一旦该机进到水中，该支架就会"航行"回岸边。

▶ **"飞行的运输登陆舰"**
（LST）
虽然在抢滩登陆时，R3Y-2飞机能够运输海军陆战队的车辆和人员降落，但是该机从来没有冒着敌人的炮火这样做过。

R3Y "信风" 飞机档案

◆ 1955年10月，一架R3Y飞机从夏威夷飞到加利福尼亚州，以579千米/小时（359英里/小时）的速度用时6小时45分钟。

◆ 1955年，一架R3Y飞机以649千米/小时（402英里/小时）的平均速度飞越了美国。

◆ 整个R3Y飞机机队飞行的总小时数不少于3300小时；平均一架飞机只飞了40小时。

◆ P5Y/R3Y飞机花费了2.62亿美元；退役后的R3Y飞机把尾部切断了，以便它们能被隐藏在远离公众的地方。

◆ R3Y飞机的主机舱是隔音的、带空调和增压的。

◆ 有7架R3Y飞机用世界上的海洋名字来命名。

康维尔公司的水上飞机家族

■ **P4Y "克雷吉多尔"（CORREGIDOR）飞机**：设计于20世纪30年代后期，P4Y海上巡逻飞机没能超越过去的原型机阶段。R-3350旋风发动机的短缺导致其被取消。

■ **PBY "卡特琳娜"（CATALINA）飞机**：作为在第二次世界大战期间被盟军广泛使用的水上飞机，这种"卡特琳娜"飞机在美国和加拿大的四家工厂进行建造。作为承担进攻和救援角色的飞机，该机曾在好几个空军部队服役。

■ **PB2Y "科罗纳多"（CORONADO）飞机**：这种四发的、远程巡逻轰炸机在早期虽然曾遭遇了操纵问题，但是建造了200多架。该机并没有被广泛用于第二次世界大战作战。

■ **F2Y "海标枪"（SEA DART）飞机**：这架试验性的三角翼水上战斗机采用了可收起的水橇（hydroskis）。它是第一种飞行速度超过1马赫的水上飞机，但是该机没有投入实际服役。

R3Y-2 "信风" 飞机

南太平洋"信风"飞机是第11架和最后建造的一架R3Y飞机。图中该机涂装了海军第2运输中队（VR-2）的RA尾部编号，这是使用该机型的唯一的一支部队。该机在1959年报废。

"信风"飞机具有很强的动力，但是很不可靠的、艾利森T40涡轮螺旋桨发动机是它的缺陷。每一台T40其实是用两台涡轮机来驱动一个共用的减速器和反向旋转的螺旋桨。在整个P5Y/R3Y飞机的服役生涯中，减速器一直出问题，因为涡轮机容易发生震动并且油耗过大。

该机机头上的"桥"形结构可以装下整个5名机组成员：2名驾驶员、1名领航员、1名空中机械师以及1名无线电操作员。有时也携带1名额外的工程师和无线电操作员。R3Y-2飞机与R3Y-1飞机的主要不同是有一个向上开启的弓形舱门和装卸货物用的液压操作的装卸跳板。

R3Y-1 "信风" 飞机

机型： 重型水上运输飞机

动力装置： 4台4362千瓦（5850马力）的艾利森T40-A-10涡轮螺旋桨发动机

最大飞行速度： 579千米/小时（359英里/小时）以上

最大航程： 6437千米（3990英里）

实用升限： 7700米（25250英尺）

重量： 正常起飞重量74843千克（164655磅）；最大起飞重量79379千克（174634磅）

外形尺寸： 翼展　　　44.42米（145英尺8英寸）

　　　　　　机长　　　42.57米（139英尺7英寸）

　　　　　　机高　　　13.67米（44英尺9英寸）

　　　　　　机翼面积　195.18平方米（2100平方英尺）

VR-2中队用它的11架R3Y飞机取代了马丁公司的JRM-2"马斯"（Mars）水上飞机。

P5Y飞机无比强壮的船体设计是为了装载的东西能够不受阻碍地离开主甲板，因此很适合用于运输任务。主机舱能够装载103个座椅或92副担架，或者超过20吨货物。

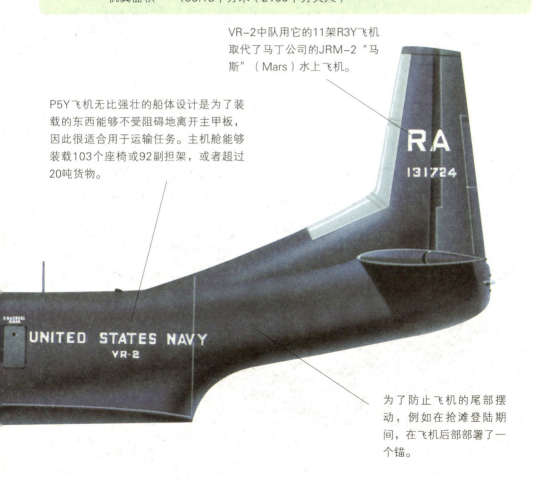

为了防止飞机的尾部摆动，例如在抢滩登陆期间，在飞机后部部署了一个锚。

康维尔公司的最后一种——世界上第一架涡轮螺旋桨水上飞机

在其1950年首飞和1953年坠毁导致P5Y飞机项目终结之间，世界上首架涡轮螺旋桨水上飞机先是成为一架低空侦察飞机，然后成为一种反潜平台，最后成了一个布雷飞机。

但是无论如何，朝着陆基海军飞机方向发展的趋势，以及与T40双涡轮发动机相关的问题以及唯一的一架XP5Y-1飞机的坠毁导致了该项目的终结。从一开始，"信风"飞机就被预期成一种运输机型。1950年朝鲜战争的开始使该机的计划变成现实。美国海军订购了6架R3Y-1"信风"飞机，这是在P5Y飞机上发展的，但是安装了经改进的、所谓更可靠的T40发动机。

R3Y飞机创立了几项远距离飞行纪录。最终，交付了11架飞机，其中包括5架"飞行的运输登陆舰"（LST）R3Y-2飞机（其带有一个前装弓形门）。所有这些飞机都投入了第2运输中队（VR-2）服役，从1956年到1958年在加利福尼亚和夏威夷之间执行运输任务。

4架R3Y飞机安装了复古式四点空中加油设备，这进一步提高了它们的多功能性。虽然计划改装余下的机队，但是持续的发动机问题，最终在1958年1月导致了一次事故，促使美国海军停飞了"信风"飞机机队。到1958年3月，R3Y飞机停止了研制，并在12个月内退役了全部飞机。

◀ R3Y-2飞机的T40-A-10涡轮螺旋桨发动机一直存在问题，发动机经常出现问题。海军的VR-2中队能用15个人工小时换一台发动机。

VR-2中队其他的大"船"

　　作为穿越西太平洋提供补给的该中队，位于加利福尼亚州的NAS阿拉米达（Alameda），其被选用为JRM"马斯"运输机小型机队的唯一用户。与"信风"飞机一样，"马斯"飞机，其最大起飞重量达到75吨，是从1943年的XPB2M巡逻飞机上发展起来的。建造了6架JRM飞机，最后一架交付于1947年。其中2架飞机因事故受损，其余的4架一直服役到1956年。

▼ "信风"飞机的螺旋桨直径为4.6米（15英尺），其翼下浮筒有6.4米（21英尺）长。R3Y-1飞机的毛重超过79吨。

35

康维尔公司（CONVAIR）

XF2Y "海标枪"（SEA DART）飞机

● 试验型水上战斗机　● 第一种超声速水上飞机

　　作为一种曾经飞过的最奇怪的飞机之一，从表面上看，康维尔公司的XF2Y的"海标枪"飞机是一个实际概念流产的结果：如果一架喷气式战斗机能从水上起飞，那么该机将能够在世界上任何地方飞行和战斗。在起飞时，这种三角翼"海标枪"飞机使用可收起的水橇来抬起船体离开水面，并在升空的那一瞬间之前掠过水面。

康维尔公司 XF2Y "海标枪"（SEA DART）飞机

◄ "海标枪"飞机是一次大胆的尝试，其想把一个新技术船体纳入到一个独特的机身中。作为历史上曾经建造过的飞行速度最快的水上飞机，虽然从没有成为实用的机型，但是该机成为一个伟大的航空先驱。

▶ 这不是舰队的防御者

虽然旨在扩大美国海军防御的边界，但是"海标枪"飞机的命运最终成为一个有趣想法的博物馆展示品，这是它没有想到的。

▼ 水上飞机

当飞机开始起飞时，"海标枪"的水翼被水动力推到了水面上，像滑水一样掠过水面。

▲ 水上滑跑

该机没有常规的浮囊。当该机在水中时，水密船体和机翼提供了足够的浮力和稳定性。

◀ 船形船体

"海标枪"的下面有一个浅的"V"形型面，很像一艘高速摩托艇。在起飞时，它可以将机头抬离水面。

▶ 摇晃着起飞

在水面上驱动水橇时，"海标枪"飞机滑跑时极为壮观的照片。但是掠过任何比镜面还光滑的表面时引起的振动，使得飞行员几乎无法忍受。

XF2Y "海标枪" 飞机档案

◆ 1953年5月9日，原型机"海标枪"进行了首飞。

◆ 1954年8月3日，一架"海标枪"飞机成为第一架超声速水上飞机，在一次小角度俯冲中速度超过了1马赫。

◆ 由于试飞计划遇到麻烦，一份12架生产型F2Y"海标枪"战斗机的订单被取消。

◆ 虽然没有"海标枪"飞机在飞，但是在1962年，XF2Y飞机被重新指定为F-7A。

◆ 虽然"海标枪"飞机没有投入服役，但是康维尔公司把该机的数据用到了成功的F-102和F-106三角翼战斗机上。

◆ 美国海军还试飞过一架喷气式巡逻水上飞机——马丁公司的P6M"海马"（Seamaster）飞机。

XF2Y "海标枪" 飞机

机型： 试验型水上战斗机

动力装置： 2台26.69千牛（6000磅）推力的西屋J46-WE-2涡轮喷气发动机

最大飞行速度： 1118千米/小时（695英里/小时）

航程： 825千米（512英里）

实用升限： 16700米（55000英尺）

重量： 空重5739千克（12650磅）；装载后重量7495千克（16520磅）

武器装备： 高达4门20毫米机炮以及2枚空对空导弹

外形尺寸： 翼展　　10.26米（33英尺7英寸）

机长　　16.03米（52英尺6英寸）

机高　　6.32米（20英尺8英寸）

机翼面积　52.30平方米（563平方英尺）

XF2Y "海标枪" 飞机

　　除了其独特起飞方法之外，XF2Y "海标枪" 飞机融合了结构、推进和气动力设计领域的先进技术。该机是一个巨大的技术飞跃——也许是一个跨越距离太大的机型。

主发动机进气道安装在机身顶部的机翼上部。这可以防止在起飞和着陆时吸入海水（这会毁坏动力装置）。

"海标枪" 飞机有一个相当常规的座舱，宽敞而且能实现随心所欲的操纵。飞行员发现在里面很容易工作。

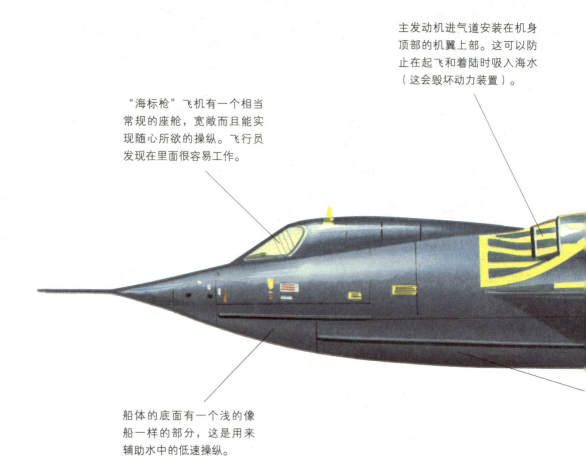

船体的底面有一个浅的像船一样的部分，这是用来辅助水中的低速操纵。

康维尔公司在探索采用三角形机翼和操纵面的无尾飞机性能方面是一个先驱。"海标枪"飞机是最早采用这种平台的飞机之一，并为后来的超声速飞机的设计师提供了很多有用的数据。

XF2Y飞机起初的动力装置是2台西屋的J34喷气发动机，但是这种发动机从来没有达到其交付时所承诺的性能。即使使用动力更强大的J46发动机，"海标枪"飞机也没有飞得像曾经预期的那样快。

NAVY
135762

双水翼在搁浅和起飞时延长，当需要最高的气动力效率时缩回到机身中。

在飞机驻留在水面时，"海标枪"飞机的机翼留在水面上，像浮囊一样提供一些稳定性作用。

超声速滑水飞机

1951年，美国海军分派给联合伏尔提（Consolidated Vultee）（康维尔公司）公司一个基于先进的空气动力学和水动力研究的激动人心的项目——水上的XF2Y"海标枪"。

着眼于战后美国全球警察的角色，美国海军正在寻找使用水基战斗机的可能性。

这种飞机具有潜在的优势，因为其几乎能在全世界任何具有足够水域的地方使用，而不会像陆基飞机那样受到跑道长度的限制。

虽然这种水上战斗机的概念是合理可行的，但是"海标枪"飞机不是解决这一问题的答案。该机使用了一个独特的可收起水橇取代了浮囊。从海上起飞带来了前所未有的挑战，因为水橇引起的振动使整机的振动像一辆水泥搅拌车

▼ 虽然"海标枪"飞机在实现其成为一架实用作战飞机的主要目标上是一个失败者，但是该机获得了第一架也是唯一的一架超声速水上飞机的荣誉。

▲ 一旦飞到空中，"海标枪"飞机的操纵性非常好。虽然该机作为一架水上飞机是一个失败者，但是其对康维尔公司扩大高性能三角翼飞机的数据库贡献极大。

一样，几乎不可能操纵飞机。

还有就是与安装到当时大多数海军战术飞机上的西屋（Westinghouse）发动机有关的问题。虽然使用J34和J46喷气发动机进行了试飞，但是"海标枪"飞机从来没有配备适合于其重量的足够动力，虽然这些发动机在空中时表现良好。

虽然飞行员有一个宽敞的驾驶舱、相当好的前向视野以及很方便的操纵，但振动问题不可逾越，因此，"海标枪"飞机项目在1956年不得不被放弃了。

海上起飞的战斗机

■ 哈桑的布兰登堡（HANSA BRANDENBURG）飞机：德国的C-1单翼机是第一次世界大战中最成功的战斗机之一。

■ 柯蒂斯的SC-1飞机：这种单座侦察机在第二次世界大战结束时投入服役。该机能用主浮囊的一个舱携带炸弹。

■ 川西（KAWANISHI）的N1K飞机：N1K飞机是一个高超的表演飞机，但是高阻力的浮囊意味着该机不可能与更符合空气动力学的陆基飞机相媲美。

■ 桑德斯-罗伊（SAUNDERS-ROE）的SRA.1飞机：由于在太平洋上缺乏跑道，促使战后的皇家海军把注意力转向这种试验性水上飞机。

作战数据

最大飞行速度

XF2Y"海标枪"飞机 　　　　1118千米/小时（695英里/小时）

F-102"三角剑"飞机 　　　　1328千米/小时（825英里/小时）

SRA.1飞机 　　　　825千米/小时（512英里/小时）

　　"海标枪"飞机持续不断的发动机问题意味着，该机永远不会达到其可能的速度。如果像在康维尔的F-102战斗机上曾经应用的那样，提供动力更大的发动机，并重新设计机身，当然这是没有理由的假设，因为该机不可能有与陆基飞机相匹配的性能。英国的SRA.1飞机不能实现作为一架喷气式战斗机所认为有必要的超声速飞行。

武器装备

　　由于设计作为一架战斗机，按照20世纪50年代初期的标准，"海标枪"飞机将配备一个有效的空对空武器，将采用2枚新研制的AIM-4"猎鹰"（Falcon）导弹或后来的AIM-9"响尾蛇"

XF2Y"海标枪"飞机
4 x 20mm机炮；2枚短程空对空导弹

F-102"三角剑"飞机
6枚AIM-4空对空导弹；12枚折翼式非制导火箭弹

SRA.1飞机
4 x 20mm机炮；2 x 1000千克（2200磅）炸弹

（Sidewinders）导弹，并在机身下部安装一个内置武器舱。

航程

　　"海标枪"飞机是一架试验机，因此该机的航程将不会具有在作战使用型机型上预计的那样大的航程。该机在航程上也无法与1947年的英国的更大的、速度更慢的SRA.1飞机相媲美。SRA.1飞机是当时唯一能升空的其他喷气式水上战斗机。

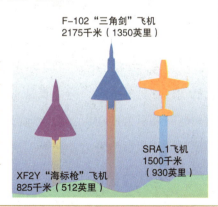

F-102"三角剑"飞机
2175千米（1350英里）

SRA.1飞机
1500千米
（930英里）

XF2Y"海标枪"飞机
825千米（512英里）

康维尔公司（CONVAIR）

XFY1"波戈"（POGO）飞机

● 试验性垂直起飞飞机　● 涡轮螺旋桨发动机飞机

实现垂直飞行很长时间以来一直是航空设计师的梦想，但一直是一个挑战。这需要巨大的动力去脱离地面并且不能借助于机翼的升力，在第二次世界大战结束多年后，人们才研制出这种具有足够动力的发动机；就在那时，一些真正奇怪的飞机飞向了天空，最引人注意的是康维尔公司的XFY1"波戈"（POGO）飞机。XFY1飞机是一种"立式起落飞机"（tail-sitter），其采用了在西方国家能获得的最大动力的涡轮螺旋桨发动机。

康维尔公司 XFY1 "波戈"（POGO）飞机

◀ 在完成首飞之后，试飞员 "斯基特"（Skeets）科尔曼成了XFY1飞机的代表。该机的着陆是一个很难的问题，需要科尔曼依靠他的背部来承受冲击力。

▼ 垂直飞行和平飞

1954年11月2日，XFY1飞机首次历史性地进行了从垂直飞行到水平飞行的过渡，然后再过渡回来着陆。即使是在水平飞行阶段，该机的控制和操纵也很难。

◀ **该战斗机去任何地方的载运措施**

虽然原本打算使用小型舰船的甲板来载运该机，但是XFY1飞机也可以安装在照片中所示的这样一辆小车上，以便把该机拖到任何它需要去的地方。

向前飞的过渡

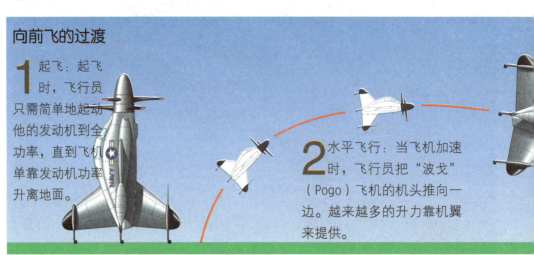

1 起飞：起飞时，飞行员只需简单地起动他的发动机到全功率，直到飞机单靠发动机功率升离地面。

2 水平飞行：当飞机加速时，飞行员把"波戈"（Pogo）飞机的机头推向一边。越来越多的升力靠机翼来提供。

▲ **试验台架**

在首飞之前，XFY1飞机进行了广泛的试验，在这个精心设计的龙门吊架上晃来晃去。

▼ **立式起飞**

用这样功率的发动机达到需要的动力设定是很难的一件事，并且在飞行中该机坠毁的险情不断。

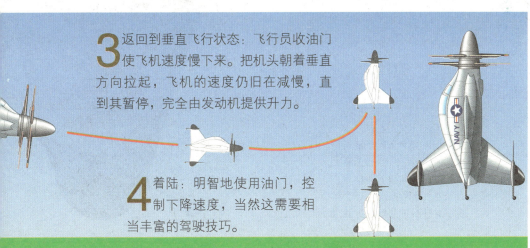

3 返回到垂直飞行状态：飞行员收油门使飞机速度慢下来。把机头朝着垂直方向拉起，飞机的速度仍旧在减慢，直到其暂停，完全由发动机提供升力。

4 着陆：明智地使用油门，控制下降速度，当然这需要相当丰富的驾驶技巧。

XFY1 "波戈"（Pogo）飞机

该机的计划是企图提供一种能从小型战舰上起飞的高性能战斗机。但康维尔的XFY1飞机从来没有实现其戏剧性的承诺。

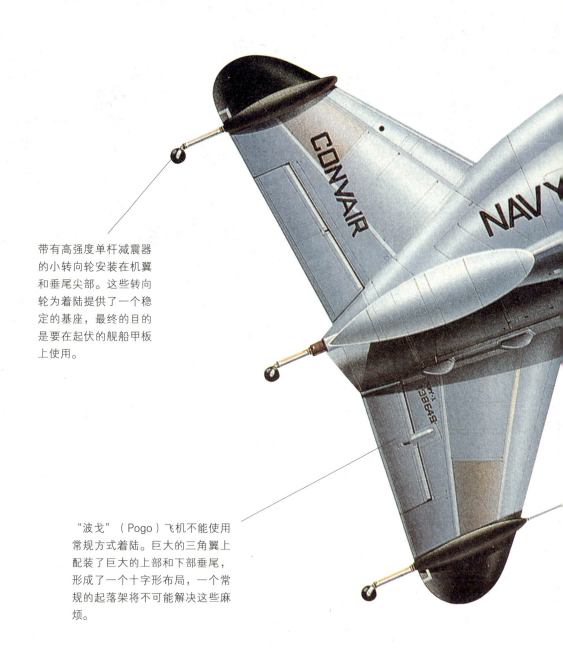

带有高强度单杆减震器的小转向轮安装在机翼和垂尾尖部。这些转向轮为着陆提供了一个稳定的基座，最终的目的是要在起伏的舰船甲板上使用。

"波戈"（Pogo）飞机不能使用常规方式着陆。巨大的三角翼上配装了巨大的上部和下部垂尾，形成了一个十字形布局，一个常规的起落架将不可能解决这些麻烦。

艾利森YT40-A-6涡轮螺旋桨发动机是西方国家这种机型中功率最大的发动机，其能输出超过4100千瓦（5500马力）的功率，其排气管中还增加了一个小量的喷气推进器。

来自于艾利森发动机的功率驱动了两个三叶式反向旋转的螺旋桨。这是很重要的，因为单个螺旋桨产生的扭矩将使飞机无法实现垂直着陆。

虽然当垂直飞行时，飞行员的
座椅能向前旋转45°。但是飞
行员仍然不得不把目光越过他
的肩膀来判断离地距离，这一
尴尬的过程大大增加了飞行员
着陆的工作量。

正常飞行的操纵由机背和腹
鳍上的巨大的方向舵和全翼
展副翼来提供。在垂直飞行
期间，依靠螺旋桨滑流的偏
转来控制这些操纵面。

XFY1 "波戈" 飞机档案

◆ XFY1飞机的艾利森涡轮螺旋桨发动机提供的功率几乎是当时最大的活塞式发动机功率的3倍。

◆ 1954年8月1日，试飞员斯基特·科尔曼进行了首次垂直起飞飞行。

◆ 1954年11月，"波戈"（POGO）飞机首次过渡到平飞状态。

◆ 当XFY1飞机垂直排列时，该机的飞行员座椅会向前旋转45°。

◆ 在悬停飞行时，油门是改变飞行高度的唯一控制。

◆ 为了减轻重量，"波戈"（POGO）飞机上每一个不必要的零件都被省略掉。

XFY1 "波戈"（Pogo）飞机

机型：单座试验性立式起降战斗机

动力装置：一台4101千瓦（5500马力）的艾利森YT40-A-6涡轮螺旋桨发动机

最大飞行速度：在4500米（15000英尺）高度为980千米/小时（610英里/小时）

续航时间：在10000米（33000英尺）高空，以650千米（400英里）的经济巡航速度提供一个大概的航程，续航时间为1小时

实用升限：13300米（43600英尺）

重量：空重：5325千克（11700磅）；最大起飞重量7370千克（16200磅）

武器装备：（仅是建议，从来没有装备）4门机炮或非制导的高爆火箭弹

外形尺寸：翼展   8.43米（27英尺6英寸）

           机长   10.66米（34英尺11英寸）

           垂尾翼展 6.99米（22英尺11英寸）

           机翼面积 39.70平方米（427平方英尺）

垂直起降飞行

作为为美国海军在20世纪50年代开发的飞机，康维尔公司的XFY1"波戈"（Pogo）飞机是两种垂直起降研究飞行器中的一种。建造这两种飞行器是希望能够开发出一种能进入作战飞机设计的生产型飞机（满足美国海军规范要求）。

为了在过渡到平飞阶段前，设计的"波戈"（Pogo）飞机能实现垂直的上升和下降飞行，XFY1飞机的动力装置采用了最新研制的艾利森YT40-A-6涡轮螺旋桨发动机，这是当时功率最大的螺旋桨发动机。该发动机的输出功率超过4101千瓦（5500马力），这些巨大的功率输送给了两个反向旋转的三叶螺旋桨。

尾部坐地，在过渡到依靠机翼前飞之前，XFY1飞机仅仅依靠发动机的动力垂直起飞。虽然飞机升空操纵相对简单，但是实现过渡是很难的，因为短而粗的飞机操纵有点棘手。

着陆相当的棘手。飞行员必须垂直拉起飞机成悬停状态，然后，通过仔细操作油门，后退着陆。更难的是，飞行员必须把目光越过他的肩膀来观察，以使这架笨拙的飞机安全着陆。

◀ 钻入云霄。这架XFY1飞机依巨大的艾利森YT40涡轮螺旋桨发动机的动力升空。

尾坐式喷气飞机

使用喷气动力

赖安（Ryan）的X-13"Vertijet"飞机是第一架使用喷气式发动机实现垂直起飞，过渡到水平飞行，然后返回的飞机。起初用常规起落架进行飞行，后来X-13飞机改为悬吊在一个垂直安装的悬吊系统上的方式。当时虽然该机能在小型水面舰艇上使用，但是该机永远不会成为一种实用的飞机，因为即使经验丰富的试飞员也发现该机很难操纵。

未来的可能性

尾坐式垂直起飞飞机的想法仍旧有市场，因为例如像"鹞"式飞机一样的很多更实用的矢量推力设计很有优势。在20世纪七八十年代，美国海军正在积极地研究在一个革命性的双体船式载体上使用一种混合喷气的可能性。该机将能像一架尾坐式飞机一样垂直起飞，使用常规方式着陆或者使用矢量推力着陆。虽然这个概念还属于艺术家的想象，但可能是一个面向21世纪的可能性。

柯蒂斯-莱特（Curtiss-Wright）公司

X-19飞机

- 垂直起降验证机　● 倾转旋翼机　● 建造了两架飞机，有一架进行了飞行

如果没有什么创新，X-19飞机就是用来试验倾转螺旋桨（作为取得垂直起飞和着陆性能的一种方式）技术的。这种非正统的飞机开始时被柯蒂斯-莱特公司作为私人资产，该公司作为这种一次性飞机的建造商，在20世纪60年代时，正把注意力集中在发动机的研制上。作为一架美国空军的X飞机，X-19飞机执行了两年的试飞计划，为垂直起降的知识贡献很大。

▲ 在X-19项目的执行过程中，柯蒂斯公司试验了倾转螺旋桨在民用和军用领域的很多不同的应用。不过直到最近的V-22"鱼鹰"倾转旋翼机才实现了这一概念。

柯蒂斯–莱特公司 X–19飞机

▲ 飞到空中的原型机

只有一架X–19飞机在1963年11月20日升空，该机由公司的试飞员吉姆·赖安（Jim Ryan）驾驶。该机后来在一次事故中坠毁。

▼ 激进的动力布局

X–19飞机在机身中装备了两台涡轮螺旋桨发动机。生产型飞机上将装备双涡轴发动机。

◀ **发展型飞机**

先于X-19和X-100飞机，柯蒂斯-莱特的VZ-7AP作为一个缩比模型用于验证倾转发动机构型。

▼ **径向升力**

柯蒂斯-莱特公司的试验性、概念验证机X-100是世界上第一架使用径向升力螺旋桨飞行的垂直起降飞机。该机后来在NASA（总部设在弗吉尼亚州的兰利基地）服役。

▼ **垂直起降模拟台**

在收到空军的合同前，柯蒂斯-莱特公司建立了一个预先模型200的模拟台。因为设想作为一架运输机，所以模型200将被作为能装载6名乘客的一种公务飞机。该项目不久被美国空军接管。

X-19飞机档案

◆ 虽然该机飞了50次，但是唯一的柯蒂斯-莱特X-19飞机在空中的飞行日志刚刚达到3.85小时。

◆ 在269小时的使用时间中，X-19在地面的使用时间累计达到129.42小时。

◆ 4名飞行员参与了该计划，其中1名飞行员来自美国海军。

◆ 在初始设计研究中，该机计划采用4台汪克尔（Wankel）气缸旋转式发动机作为动力装置。

◆ 柯蒂斯-莱特公司建造了2架X-19飞机，但是第2架从没飞起来。

◆ 在1965年8月25日的第50次飞行中，X-19飞机坠毁；没有发生严重受伤事故。

不同的垂直起降方法

■ **贝尔公司的XV-3飞机**：世界上首架倾转旋翼固定翼飞机，达到了100%的旋翼倾转。以普拉特&惠特尼活塞发动机为动力的XV-3飞机首飞于1955年，在250多飞行架次中飞行时间达到125小时。

■ **贝尔-德事隆公司（BELL-TEXTRON）的X-22A飞机**：作为一架试验性运输机，X-22A飞机有4台驱动涵道螺旋桨的涡轴发动机。该机首飞于1966年，其试飞一直持续到20世纪70年代初。

■ **加拿大航空公司（CANADAIR）的CL-84飞机**：与X-18飞机一样，CL-84飞机是一架可倾转机翼飞机，而不是一架倾转旋翼飞机。该机首飞于1970年，其成功完成了一个试飞计划，其中包括舰载使用。

■ **希勒（HILLER）公司的X-18飞机**：1959年的X-18可以垂直升降的飞机采用了一种组合动力装置，即把两台涡轮螺旋桨发动机和一台J34涡轮喷气发动机组合在一起。该机的试验数据被用在XC-142A和X-19飞机的发展上。

柯蒂斯－莱特公司的X–19飞机

机型： 倾转螺旋桨研究机

动力装置： 2台1640.5千瓦（2200马力）的AVCO莱康明T55–L–5涡轮螺旋桨发动机，驱动4个螺旋桨

最大飞行速度： 730千米/小时（453英里/小时）

巡航速度： 650千米/小时（404英里/小时）

初始爬升率： 1200米/分钟（3936英尺/分钟）

航程： 523千米（324英里）（带负载垂直起降）

实用升限： 7254米（23800英尺）

重量： 毛重6196千克（13633磅）

载运量： 坐在北美公司的LW–2B弹射座椅上的2名飞行员，并准备载运6名乘客或454千克（1000磅）货物

外形尺寸： 前机翼的翼展　　　　5.94米（19英尺6英寸）

　　　　　　　后机翼的翼展　　　　6.55米（21英尺6英寸）

　　　　　　　机长　　　　　　　　12.82米（42英尺）

　　　　　　　机高　　　　　　　　5.45米（17英尺10英寸）

　　　　　　　前机翼的机翼面积　　5.21平方米（56平方英尺）

　　　　　　　后机翼的机翼面积　　9.15平方米（98平方英尺）

三叶螺旋桨由两台并排安装在机身两侧的莱康明T55–L–5自由涡轮发动机通过一个复杂的轴和减速器系统来驱动。

其他设备包括UHF和ADF接收器、一个信标系统、两个VHF导航系统、下滑道接收机和一个机内通信控制板。

X-19飞机

唯一飞起来的X-19飞机——62-12197，在1965年因减速器故障发生灾难性的坠毁之前，总共进行了50次无系留飞行。该项目在1965年12月19日被取消。

尾部装置包括一个固定式垂尾和一个带有调整片的可移动方向舵。垂尾根部的整流罩向前延伸形成背鳍。

旋翼桨叶的气动设计为该机提供了高起飞推力和良好的巡航性能。其是由带有较强的轻质发泡塑料芯的玻璃纤维制成的。

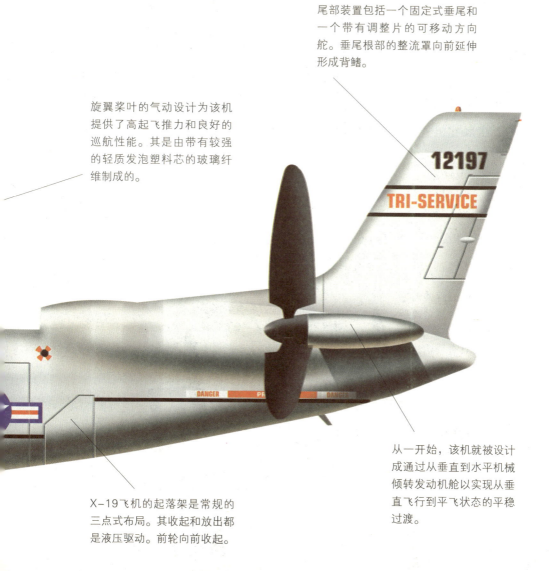

X-19飞机的起落架是常规的三点式布局。其收起和放出都是液压驱动。前轮向前收起。

从一开始，该机就被设计成通过从垂直到水平机械倾转发动机舱以实现从垂直飞行到平飞状态的平稳过渡。

柯蒂斯公司的垂直起飞原型机

在今天的波音/贝尔的V-22"鱼鹰"多用途"倾转旋翼"机之前的30年前，柯蒂斯-莱特公司突破性的X-19飞机为一种新的载人飞行铺平了道路。

当在绘图板上开始柯蒂斯-莱特民用设计后，X-19飞机被改良用于美国空军。看上去很不寻常，X-19飞机是一种新的设计思路，其带有两个独立的、全尺寸机翼和4个倾转短舱，它们的螺旋桨由2台机身安装的发动机驱动。

与当时大多数垂直起降试验台一样，X-19飞机是一架相当小的飞机。虽然配备上在后部可以装载6名乘客，但是该机从没被用作运输机。因为注定是一个试验机，所以用X-19飞机尝试了一些新的功能：用于发动机驱动螺旋桨的间接轴布局；倾转短舱和螺旋桨；两套机翼。X-19的两名飞行员被捆绑到弹射座椅上，当该试验计划因一次意外事故终结时，这种措施最终发挥了作用。

具有讽刺意味的是，就在1965年刚刚放弃了X-19计划时，美国卷入了一场新的战争，需要垂直起飞和着陆能力。虽然在越南战争中从未有一个地方使用过X-19飞机，但是这场战争证明了直升机和垂直飞行概念（该概念在今天的V-22飞机上复活）的效用。

作为曾经显赫一时的柯蒂斯－莱特公司建造的最后一种飞机，X-19飞机是唯一使用这种具有鲜明特点的串列式机翼和宽叶螺旋桨构型的飞机。

与XC-142倾转螺旋桨运输机（准备载运32名全副武装的士兵）不同，X-19飞机最高只能载运6名乘客，这还要由其实际的试验状态决定。

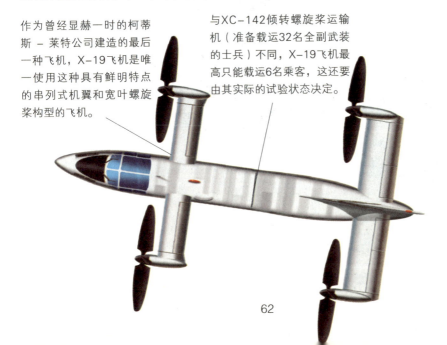

作战数据

最大飞行速度

　　柯蒂斯–莱特公司的X–19飞机，与它的两个竞争对手相比，明显有更好的速度性能。大部分原因在于这样一个事实，即X–19飞机主要设计用作一架运输机，而不像它的两个竞争对手主要用作试验性试验机。

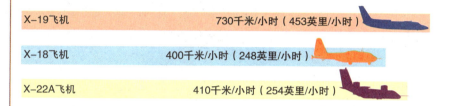

X–19飞机　　730千米/小时（453英里/小时）

X–18飞机　　400千米/小时（248英里/小时）

X–22A飞机　　410千米/小时（254英里/小时）

航程

　　作为一架试验性飞机，X–19飞机有一个非常令人印象深刻的航程。然而，实际上，其飞行持续时间很少超过几分钟。在三架飞机中，X–22飞机有最长时间的飞行计划，其从1966年一直使用到20世纪70年代初。

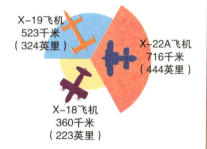

X–19飞机
523千米
（324英里）

X–22A飞机
716千米
（444英里）

X–18飞机
360千米
（223英里）

动力

　　X–18飞机和X–19飞机都有两台涡轮螺旋桨发动机，其中X–18飞机的发动机具有相当大的动力。一台后置式涡轮喷气发动机虽然大大增加了该机的总输出功率，但是只用于俯仰控制。X–22A飞机的动力装置是4台驱动涵道螺旋桨的涡轴发动机。

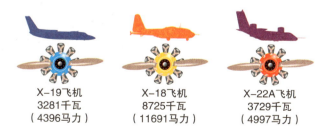

X–19飞机
3281千瓦
（4396马力）

X–18飞机
8725千瓦
（11691马力）

X–22A飞机
3729千瓦
（4997马力）

桑格/赫耳墨斯（SÄNGER/HERMES）/X-30飞机

● 新一代的航天飞机　　● 跨大陆飞行　　● 未来派

早在1943年，德国科学家就研究了一架用火箭发射洲际轰炸机的可能性，该轰炸机能跃上高层大气层到达目标。在20世纪50年代和60年代，美国和其他国家作了进一步的研究，导致了像X-20"代纳索"（Dyno-Soar）这样的飞机的出现，该飞机用在航天飞机项目中。到20世纪80年代后期，美国的X-30飞机、欧洲的"赫耳墨斯"和"桑格"飞机都正在研发。

▲ 几个国家，尤其是法国、德国和美国都研究了跨大气层飞行器（TVA）的概念，这种飞行器设计用于在太空边缘使用。

桑格/赫耳墨斯（SÄNGER/HERMES）/X-30飞机

▲ 最终的X-30飞机

经过几个不同的设计方案，这架受到渲染的国家航空航天飞机选择进行进一步开发。该机将建造两架。

▼ 缩比模型

现已下马的"赫耳墨斯"飞机的模型展示了其货舱，该货舱带有特有的双屏蔽门和长长的装卸臂。

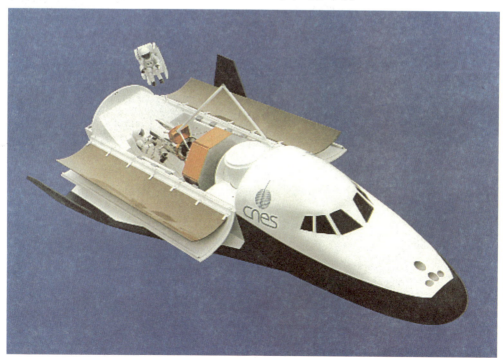

◀ 法国航天飞机?

作为看上去很常规的跨大气层飞行器之一,"赫耳墨斯"飞机在概念上很相似于罗克韦尔国际公司的航天飞机,其可以搭载在一个很大的助推器上到达轨道,例如,阿丽亚娜5型火箭。

▶ 真正的太空飞船

从一个常规机场起飞后,X-30飞机能用它自己的动力到达轨道。冲压发动机是预期的推进系统。

▼ 德国的X-30飞机

另一个雄心勃勃的欧洲国家是德国,该国已经开发了它自己的跨声速、可重复使用的太空飞行器,当地人称其为"桑格"。

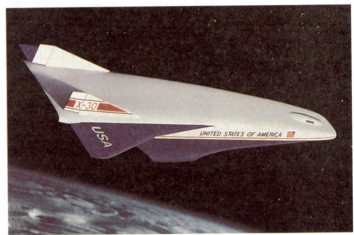

桑格/赫耳墨斯/X-30飞机档案

◆ 虽然自20世纪40年代X-30计划的相关研究就已经出现，但是直到1981年，仍处于保密状态。

◆ 法国宇航公司（Aerospatiale）和达索公司都是"赫耳墨斯"飞机的主要承包商。

◆ 德国和法国的概念都采用了一种两阶段的计划。

◆ 假如继续发展，X-30飞机，据估计将需要超过100亿美元的资金。

◆ 由于国防预算削减，是否继续进行此类项目的研发值得怀疑。

◆ 目前有传言说，"桑格"宇宙飞船仍在继续研发。

雄心勃勃的想法

■ **英国航空航天公司的"霍托尔"（HOTOL）空天飞机：**这是在20世纪80年代激动人心的日子里提出的设想，这是试图挑战美国在太空竞赛中的主导地位的一次尝试。

■ **达索公司的"STAR-H"：**纳入了"赫尔墨斯"中，这个法国项目将会成为国际空间站的一个部分。

■ **洛克希德公司的TAV：**美国空军的一项早期研究，其是一种太空飞机与常规的空中运输机的组合设计。

■ **NASA的航天飞机助推器：**从这个1970年的令人印象深刻的助推器上可以看出，概念和现实之间的差异是很明显的。

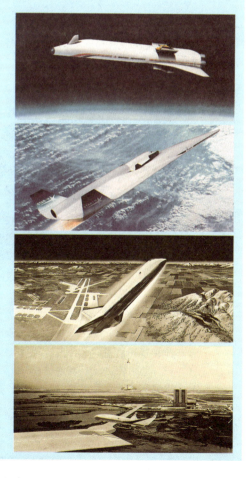

"赫尔墨斯"飞机

有效载荷： 高达4.5吨

机组成员： 2~6个

重量： 发射重量29000千克（63800磅），再入段重量15000千克（33000磅）

外形尺寸：翼展 9米（29英尺6英寸）

机长 13米（43英尺）

其尾翼类似于目前的高科技作战飞机，例如F/A-18飞机，其采用了巨大的斜置垂直安定面和常规风格的方向舵。

安装在第一阶段顶部的飞机较小，这是一个以火箭为动力的有人驾驶货物运载器，类似于航天飞机的概念。该机被设计成一个有人驾驶飞机，一旦任务完成将返回地球。

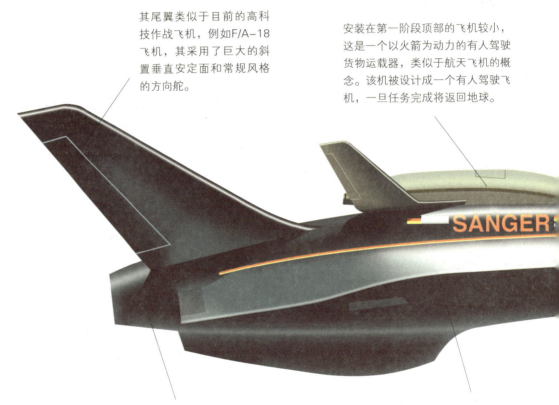

为了能把这样一架飞行器送入轨道，将需要大功率的冲压发动机/超燃冲压发动机。开发这样一个动力装置造价会非常大，并且用现有技术很难制造出来。

由于该机被设计为一旦分离第二段后将返回地球，因此该助推器采用了一个很相似于一架正常客机上用的可收放起落架。在模型上，该起落架包括一个单独的油液减震支柱上的双前轮和双主支柱，每一个主支柱上都配有12个机轮和轮胎，以有助于分散该机令人难以置信的质量。

"桑格"飞机

动力装置： 6台400千牛（90000磅）推力的涡轮冲压发动机，一个1280千牛（287950磅）推力的液体燃料ATCRE火箭

重量： 空重188000千克（413600磅），最大起飞重量366000千克（805200磅）

外形尺寸： 翼展　　41.04米（134英尺8英寸）

　　　　　　机长　　84.05米（275英尺8英寸）

"桑格"飞机

"桑格"飞机

　　凭借"桑格"跨大气层飞行器，德国航空航天业迄今为止已取得了长足的进步，并向公众展示了一个1:8的缩比模型。但是这个项目的未来仍然不明朗。

为了达到最大的气动效率，对这样一架飞机进行了深入的研究，导致设计出了一种最流行的整体三角翼干净构型。这并不奇怪，因为"桑格"酷似科幻电影里出来的东西。

虽然一些资料把第一段助推器描绘成一个无人驾驶装置，但是该缩比模型上安装有某种驾驶舱窗户，可能另有用途。

除了用作近地轨道飞行器之外，"桑格"还被认为是一架常规的客机，尽管该机能以比商用喷气式飞机更高的速度飞行，并且飞行的距离远远超过商用飞机。由于性能包线是如此之大，并且着陆速度和轨道速度之间存在巨大差异，因此将需要非常先进的材料和制造技术。

X-30飞机

动力装置： 一台1372.9千牛（308850磅）推力的冲压发动机

重量： 空重60000千克（132000磅），最大起飞重量140000千克（308000磅）

外形尺寸： 翼展　　36米（118英尺1英寸）

　　　　　　机长　　80米（262英尺5英寸）

简　介

超越国界

20世纪80年代最奇特的航天飞机项目是NASA的X-30飞机，也被称为国家航空航天飞机（NASP）和"东方快车"（the Orient Express）。该机将使用冲压发动机/超燃冲压发动机推进系统以及其他新技术，以使该机的飞行速度能达到25马赫，但是要成功研制该机至少需要支出10亿美元。

"赫尔墨斯"飞机要通过一个阿丽亚娜5型火箭助推器来将其送入近地轨道。其目的是用来支持欧洲空间站的建设，但是该项目在1993年被取消。其部分技术可以用于提出的空间站乘员救生飞行器项目上。

"桑格"航天飞机是一个更加雄心勃勃的项目。其第一段包括一个可能的无人驾驶涡轮冲压发动机段，用该第一段将载运第二段——一个可以重复使用的有人驾驶飞行器或者一次性

货运舱——以马赫数6的速度飞到30000米（98000英尺）的高空。然后，第二段将使用它自己的火箭动力到达地球轨道。

到1997年时，NASA把他的注意力转移到了洛克希德·马丁公司的X-33"冒险之星"（VentureStar）可重复发射使用的飞行器上。欧洲航天局继续研究未来太空发射器的概念，"桑格"航天飞机仍然是在考虑的项目之一。

▲ "桑格"航天飞机将是一个两阶段式可重复使用的航空航天飞机构型，其可以同时载运货物和乘员。

◄法国的"赫尔墨斯"航天飞机是独一无二的，其设计有一个常规座舱布局和机身，这与目前的罗克韦尔航天飞机没有什么不同。

作 战 数 据

轨道速度

目前，只有罗克韦尔国际公司的航天飞机在使用。这架令人难以置信的飞行器轨道速度达到28325千米/小时（17560英里/小时）。如果X-30飞机能够建造成功，它也将能或多或少地以相同的速度飞行，但是该机不用助推器辅助可以直接从机场起飞。

X-30飞机
28163千米/小时（17460英里/小时）

航天穿梭飞船（SHUTTLE SPACECRAFT）
28325千米/小时（17560英里/小时）

苏联航天飞机"暴风雪"号（BURAN）
27432千米/小时（17000英里/小时）

着陆速度

要设计一架飞机，能以25000千米/小时（17000英里/小时）的速度在轨道上飞行，并还能以大约300千米/小时（220英里/小时）的速度着陆是很困难的。穿梭飞船的一个缺点是该机不能依靠它自身的动力着陆，因此只能有一次着陆尝试的机会。而如果需要的话，X-30飞机将可以进行几次着陆尝试。

X-30飞机　　　346千米/小时（215英里/小时）

航天穿梭飞船（SHUTTLE SPACECRAFT）　　363千米/小时（225英里/小时）

苏联航天飞机"暴风雪"号（BURAN）　　340千米/小时（211英里/小时）

达索公司–布雷盖公司

"幻影4000"

● 截击机与攻击机原型机　● 2马赫的性能

在单引擎"幻影2000"战斗机研制经验的基础之上，达索公司自行开发了双引擎的超级"幻影4000"，超过2马赫的速度，使其天生具有成为这种类型飞机中的佼佼者潜力。但是预算缩减和昂贵造价却使这种性能强大的飞机，最终未能投产。

▲ 与较小型的"幻影2000"一样，"幻影4000"原型机也安装了两台斯奈克玛公司产的M.53发动机，在1979年4月的第6次试飞中，轻而易举地达到了2马赫的速度。

达索公司–布雷盖公司 "幻影4000"

▲ **实体模型首先制成**
在组装原型机前，一架原型大小的实体模型制造完成，于1977年12月发布。

◄ **三角翼**
第三代"幻影"飞机回到了由20世纪60年代"幻影Ⅲ/5"家族首创的三角翼设计。

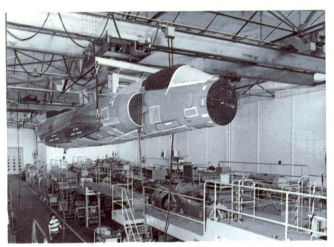

◀ **合成的构造**

　　为了减少重量，碳化纤维和
硼合金在各个结构中被广泛
使用，包括小翼、方向舵、
升降舵补助翼和前翼。

◀ **8吨的弹药负载量**

　　"幻影4000"能够携带超过
8000千克（17600磅）的炸
弹、导弹及其他设备。

◀ **"幻影2000"和"幻影
4000"原型机**

　　"幻影2000"于1978年3月
进行首飞，"幻影4000"首
飞在不到一年之后。

"幻影4000"档案

- "幻影4000"的设计在很大程度上受到了被取消的"幻影F2"低空攻击机的影响。

- "幻影4000"一次最多能携带14枚空—空导弹。

- 原型机在首飞时就超越了音速，达到了1.2马赫。

- "幻影4000"尽管是一种能力强大的飞机，但超越"幻影2000"的程度并不很多，但造价则要昂贵得多。

- 尽管有沙特阿拉伯的资助，但这种机型还是败给了F-15和"狂风"。

- 每个翼根前缘都安装有减速板。

达索公司的"幻影"家族

- **"幻影Ⅲ/5"**：速度可达2马赫的三角翼战斗机和战斗—轰炸机是20世纪60年代和70年代法国空军的核心飞机，并且有多家外国客户订购。

- **"幻影Ⅳ"**："幻影"三角翼飞机的大型双引擎轰炸机型，可运载核弹。原型机于1959年首飞。

- **"幻影F1"**：第二代"幻影"多用途飞机旨在取代"幻影Ⅲ"和"5"，抛弃了三角翼设计，而改用更常规的外形。

- **"幻影2000"**：电传飞行控制解决了三角翼飞机中出现的操纵问题。原型机于1978年飞行，随后其战斗机、攻击机和侦察机型也进行了试飞。

"幻影4000"

类型：单座多用途战斗机

发动机：2台95.13千牛（21400磅）推力斯奈克玛公司M.53加力式涡轮风扇发动机

最大飞行速度：2655千米/小时（1650英里/小时）

初始爬升率：18300米/分钟（60039英尺/分钟）

作战半径：1850千米（1150英里）

实用升限：20000米（65600英尺）

重量：作战时，16100千克（35494磅）

武器：大于8000千克（17630磅）外部装备，包括炸弹、火箭弹、空-空和空-地导弹以及集束炸弹

外形尺寸：翼展　　　12.00米（39英尺4英寸）

　　　　　　机长　　　18.70米（61英尺4英寸）

　　　　　　机翼面积　73平方米（786平方英尺）

大功率RDM多制式雷达安装位置与"幻影2000C"相同。

"幻影4000"的战斗控制系统成为"阵风"战斗机的技术验证品。

2门DEFA30毫米机炮和11个挂架，以携带外部装备，包括武器和燃料箱。

"幻影4000"

1979年年初"幻影4000"的原型机首飞。尽管制造商为出售它费尽心思，但是最终仍只有一架原型机。

为了携带更多的燃料，"幻影4000"垂直尾翼内有一个燃料箱。其余的燃料箱位于机翼和机身。还能携带外部燃料箱。

达索－布雷盖公司希望将"幻影4000"出售给中东，因此在促销之行中，该飞机涂装了沙漠迷彩。

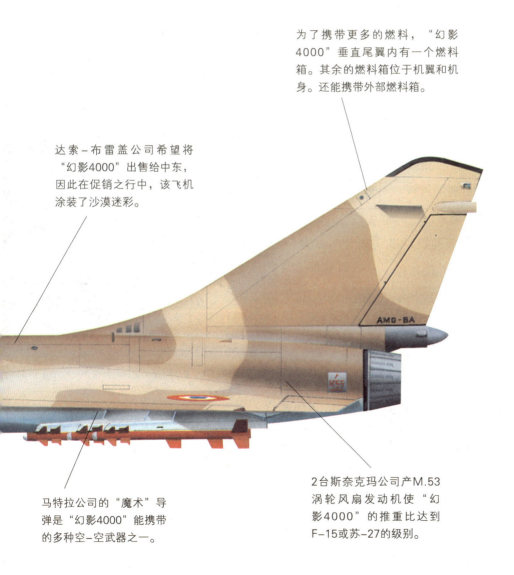

马特拉公司的"魔术"导弹是"幻影4000"能携带的多种空－空武器之一。

2台斯奈克玛公司产M.53涡轮风扇发动机使"幻影4000"的推重比达到F—15或苏—27的级别。

达索公司的大型三角翼原型机

　　1979年3月9日首飞的"幻影4000"是20吨级双引擎截击机和低空攻击机。它有一个三角翼平台和前置翼，使用电传飞行控制，设计相对简单，可在前线机场方便维护。

　　飞机的外形尺寸处于F–14"雄猫"和F/A–18"大黄蜂"之间。两台发动机推重比大于最初截击机型的1∶1。宽大的机首空间能安装一台80厘米（31英寸）雷达蝶形天线，有效范围为120千米（75英里）

　　计算机辅助设计的飞机使"幻影4000"突出的性能超越了其他同类战斗机。达索公司在1975年"幻影4000"的设想刚刚提出时就向潜在客户保证"幻影4000"将超越现已生产或仍在研制中的任何同类战斗机。

　　尽管还只是设想，达索公司希望除了出口外，还出售给法国空军，取代"幻影Ⅳ"轰炸机，但是在"幻影"家族的后继者"阵风"先进战斗机的试飞中，"幻影4000"只是作为"伴飞机"，命中注定了只是一架原型机。

▲ 原型机在中东飞行时，被绘成沙漠迷彩。尽管先前的"幻影"飞机对这个地区的出口很成功，但是"幻影4000"的价格吓住了买主。

◄ "幻影4000"在研制早期被称为"超级幻影三角"。

作 战 数 据

最大飞行速度

现代远程高空拦截战斗中，要想击败轰炸机和巡航导弹的轮番进攻，其最高速度必须超过2马赫。F-15和苏-27是现役中最强大的截击机典型。

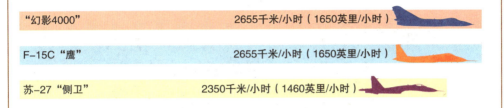

"幻影4000"　　　　　　　2655千米/小时（1650英里/小时）

F-15C"鹰"　　　　　　　2655千米/小时（1650英里/小时）

苏-27"侧卫"　　　　　2350千米/小时（1460英里/小时）

航程

苏-27可携带的燃料并不很多，而且只使用内部燃料箱，但航程比较远，F-15和"幻影4000"内部燃料箱的容量不大，但都可外挂油箱。

F-15C"鹰"
1967千米
（1222英里）

"幻影4000"
3700千米
（2299英里）

苏-27"侧卫"
3000千米
（1864英里）

爬升率

截击机需要能迅速爬升到攻击机的高度，大于1∶1的推重比能带来更佳的爬升率。这三种机型都为双引擎，都有强劲的动力。

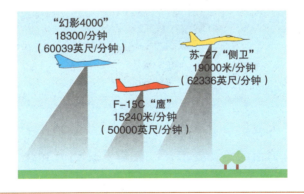

"幻影4000"
18300/分钟
（60039英尺/分钟）

苏-27"侧卫"
19000米/分钟
（62336英尺/分钟）

F-15C"鹰"
15240米/分钟
（50000英尺/分钟）

DH.108 "燕子"（SWALLOW）飞机

● 无尾构型　● 客机研究机　● 三架原型机

在第二次世界大战的最后阶段，为了满足战后航空前沿的急切要求，德·哈维兰公司开始初步研究他的DH.106 "彗星"（Comet）飞机——世界上首架喷气式客机。设想了一架无尾飞机，为了研究这样一种设计的特性，建造了三架DH.108原型机。所有这三架飞机都遭遇了致命的坠毁，因此在 "彗星" 飞机首飞前，无尾概念已经被终止。

德·哈维兰公司 DH.108 "燕子"飞机

◀ 虽然该机使用了"吸血鬼"（Vampire）飞机的组件，但是DH.108飞机根本不同于当时任何其他在飞的英国喷气飞机，并且飞行速度相当快。

▶ **汉德利·佩奇（Handley Page）翼缝**

TG283，首架DH.108原型机，展示了该机型巨大的后掠翼设计。每一个机翼上的固定式前缘翼缝很突出，这是根据皇家航空研究院的建议安装的。

▼ **第二架原型机**

在TG306飞机上用了一个经过改进的座舱盖。该座舱盖的玻璃面积相当小，并且用一个金属整流罩支持，但是其源自"吸血鬼"的痕迹很明显。

▲ 更快的"燕子"飞机

为了追求更快的速度，在"吸血鬼"飞机上对一个新的较长的机头部分进行了测试。该机头部分被安装到了一个DH.108机体上，这就是生产的第三架原型机——WW120。

▶ "吸血鬼"的特征

起初，在没有更改的形式上，DH.108在前机身区域很相似于"吸血鬼"飞机。后来，使用了一个更改后的流线型座舱和更长的机头，相似度就不那么明显了。

▼ 纪录创造者

1948年4月12日，VW120飞机以974.02千米/小时（605英里/小时）的速度创造了一项新的100千米（60英里）闭合航线纪录。

DH.108 "燕子"飞机档案

◆ 英国电气公司的生产线为DH.108项目提供了"吸血鬼"机身。

◆ 为了首飞，TG283飞机被从哈特菲尔德（Hatfield）通过公路运到了伍德布里奇（Woodbridge）。

◆ 反尾旋伞被安装到了TG283飞机的翼尖上。

◆ 虽然该机没有为DH.108106"彗星"飞机的设计做出贡献，但是DH.108飞机为DH.110项目的设计提供了数据。

◆ 为了增加速度，TG306飞机采用了一个更低的座椅设置和尖机头。

◆ 德·哈维兰从来没有采用由供应部（Ministry of Supply）命名的"燕子"名称。

缩比的研究原型机

■ 阿芙罗（AVRO）707飞机：在阿芙罗公司的"伍尔坎"（Vulcan）飞机研制期间，建造了一系列的707原型机以用于研究支持。

■ 汉德利·佩奇（HANDLEY PAGE）公司的H.P.88飞机：伴随着像DH.108飞机一样的悲壮历史，H.P.88飞机试飞了一种小尺寸的维克多（Victor）机翼。

■ 萨伯（SAAB）210 LILL-DRAKEN飞机：作为J35"龙"式战斗机的一种7/10比例的原型机，210飞机是首个进入飞行的双三角翼飞机。

■ 肖特（SHORT）的S.31飞机：作为一架具有完美的气动外形、"斯特林"（Stirling）的1/2比例模型，S.31飞机被用来试验"斯特林"轰炸机的部分功能。

DH.108飞机

1947年7月24日，VW120飞机在约翰·坎宁安（John Cunningham）的操纵下进行了首飞。1947年9月9日，在一次勉强受控的俯冲中，该机的飞行速度超过了声速。

第2架和第3架原型机都是设计用于高速飞行的飞机，并都采用了一个流线型的前机身。座舱盖更低，并且更干净地整流到了机身中。

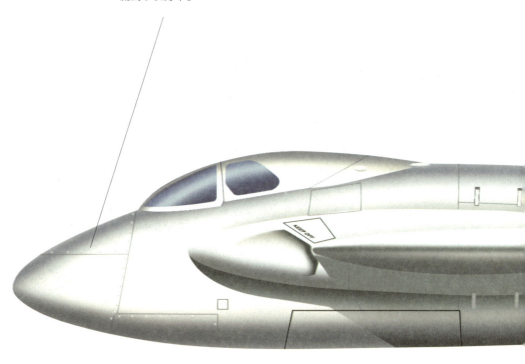

DH.108 "燕子" 飞机

适用于TG283的技术性能

机型：单座无尾研究机

动力装置：一台13.35千牛（3000磅）推力的德·哈维兰哥布林2型发动机

最大飞行速度：1030千米/小时（640英里/小时）

重量：最大起飞重量3992千克（8800磅）

外形尺寸：翼展　　　　　11.89米（39英尺）

机长　　　　　7.87米（26英尺）

机翼面积　　　30.47平方米（328平方英尺）

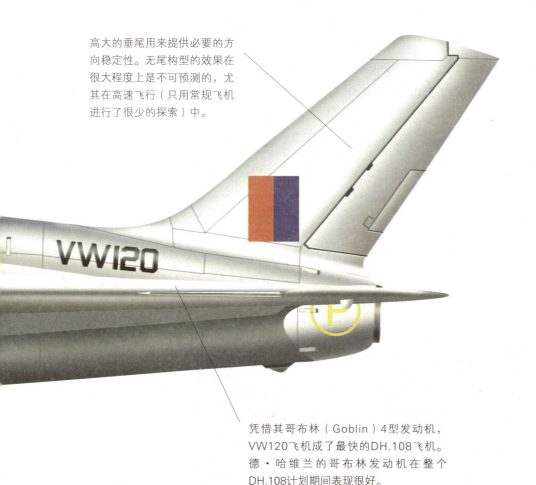

高大的垂尾用来提供必要的方向稳定性。无尾构型的效果在很大程度上是不可预测的，尤其在高速飞行（只用常规飞机进行了很少的探索）中。

凭借其哥布林（Goblin）4型发动机，VW120飞机成了最快的DH.108飞机。德·哈维兰的哥布林发动机在整个DH.108计划期间表现很好。

"燕子"飞机的试飞

使用了"吸血鬼"飞机的机身和发动机，配装了更长的排气管和新式机翼，TG283注定用于低速试验。该机首飞于1946年5月15日。虽然风洞试验曾经建议对无尾构型提出严重的操纵问题建议，但是没有人理会。试飞员杰弗里·德·哈维兰（Geoffrey de Havilland）驾驶飞机装备了一个用于空对空摄影的珀西瓦尔·普罗克特（Percival Procter）进行了低速飞行，后来还尝试了与一架"蚊"（Mosquito）式飞机的空中格斗。该机进行了几次飞行后，1950年，在失速试验期间，该机坠毁，飞行员遇难。

同时，在1946年8月23日，德·哈维兰还驾驶一架经过更改的、动力更强劲的DH.108飞机进行了飞行。TG306很快就显示出其超越世界绝对飞行速度纪录的能力，因此计划进行一次创纪录尝试。可悲的是，在创纪录练习尝试期间，德·哈维兰遇难，当时他的飞机在泰晤士河河口（Thames Estuary）上空从3050米（10000英尺）高度进行的一次俯冲中解体。其飞行速度达到了马赫数0.9的区域。

第三架DH.108飞机，比TG306飞机动力更强劲，也计划用于高速飞行研究，其首飞于1947年7月24日。根据在一个闭合航线中创造的飞行速度纪录，VW120飞机成了英国首架进入超声速飞行的飞机，并且在1949年的范堡罗航展上，该机还进行了一次惊人的特技飞行表演。不幸的是，1951年2月，一个氧气系统故障导致了VW120飞机和他的飞行员生命的终结。

◀ 该机在1949年英国飞机建造"挑战杯"空中竞赛协会上取得第三名成绩后，第三架飞机被移交给供应部，并在英国皇家航空研究院（RAE）的范堡罗基地进行试飞。

作战数据

推力

　　TG306飞机使用了"吸血鬼"FB.Mk6的哥布林3发动机，但是用在DH.108飞机上后，该发动机产生的推力较小。相较于格罗斯特的"流星"F.Mk4，DH.108飞机虽然有相当小的推力，但是能够提供优越的性能。

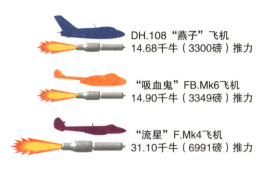

DH.108"燕子"飞机
14.68千牛（3300磅）推力

"吸血鬼"FB.Mk6飞机
14.90千牛（3349磅）推力

"流星"F.Mk4飞机
31.10千牛（6991磅）推力

最大飞行速度

　　凭借其新型机翼设计，"燕子"飞机要比这两个当代英国喷气式战斗机的飞行速度更快。该机纯粹是一个针对客机研究的试验台，而且，从来没有考虑过装备武器或军用系统。

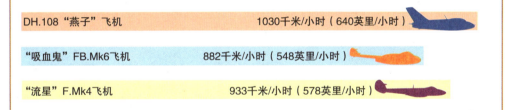

DH.108"燕子"飞机　　　　1030千米/小时（640英里/小时）

"吸血鬼"FB.Mk6飞机　　　　882千米/小时（548英里/小时）

"流星"F.Mk4飞机　　　　933千米/小时（578英里/小时）

机翼面积

　　基于若干"吸血鬼"部件，DH.108飞机展示了具有相当大面积的机翼。机翼连接点是基于"吸血鬼"飞机上的位置点。虽然有巨大的直机翼，但是"流星"F.Mk4飞机的机翼面积只比DH.108飞机机翼面积稍大一点。但是"流星"飞机更重的机重使该机的机动性较差。

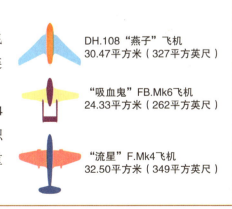

DH.108"燕子"飞机
30.47平方米（327平方英尺）

"吸血鬼"FB.Mk6飞机
24.33平方米（262平方英尺）

"流星"F.Mk4飞机
32.50平方米（349平方英尺）

迪普大森（DEPERDUSSIN）

硬壳式构造的竞赛飞机

● 先进的建造 ● "施耐德杯"竞赛冠军 ● 早期的单翼机

　　虽然迪普大森（DEPERDUSSIN）的SPAD公司持续生产了一些第一次世界大战中最优秀的战斗机，但是在和平时期的最后几个月里，涂装着阿尔芒·迪普大森（Armand Deperdussin）名字的竞赛飞机是当时世界上最快的飞机。在设计师路易斯·班戈瑞奥（Louis Bechereau）、飞行员莫里斯·普雷沃（Maurice Prevost）的帮助下，他的飞机主导了空中竞赛，并创造了9项飞行速度世界纪录。

迪普大森 硬壳式构造的竞赛飞机

◄ 由一名前丝绸商人成立的这家公司制造了这架获奖飞机。在法国航空史上大多数著名的名字，例如，加洛斯（Garros）和布莱里奥特（Blériot），最终都与这家公司有关系。

▼ **折断的尾部**

在摩纳哥（Monaco），并非一切都进行得很顺利。由于硬壳式构造的竞赛飞机机身修长，在滑行期间后机身被损坏。但是在经过修理后，它仍然击败了对手"尼乌波特"（Nieuport）和"穆兰恩-索尔尼尔"（Morane-Saulnier）飞机。

▶ **流线型**

相比于当时大多数笨拙的飞机，硬壳式构造的竞赛飞机像一颗子弹一样在飞行。

◀ **准备竞赛**
通过当飞行员加大发动机转速时，由一名助手把持住机身的方式，在竞赛时，迪普大森飞机进行了一次快速起动。

▼ **强大的起动**
像大多数快速飞机一样，硬壳式构造的竞赛飞机的成功主要应归功于其大功率发动机。"侏儒"（Gnome）是一个14缸两排气缸旋转式发动机，几乎优越于其他任何发动机。

▲ **仍在继续**
1949年，在皇家航空协会的聚会上，联队指挥官肯特（Kent）仍在驾驶这架迪普大森飞机进行飞行。

▶ **架线塔转弯**
当竞赛时，在转弯点，飞行员紧紧地绕着巨大的架线塔标志飞行。

硬壳式构造的竞赛飞机档案

- 1913年，一架迪普大森飞机，在飞行员尤金·吉尔伯特（Eugene Gilbert）的驾驶下，在巴黎赢得了亨利·多伊奇·德拉·默尔特（Henry Deutsch de la Meurthe）比赛的冠军。
- 1913年，阿尔芒·迪普大森因挪用公款被投入监狱。
- 1913年的陆基竞赛飞机为了减少阻力经常采用切梢机翼。
- 莫里斯·普雷沃差一点在摩纳哥没有完成比赛，因为最初他忘记了飞过终点线。
- 在迪普大森被逮捕后，路易斯·布莱里奥特（Louis Bleriot）把公司改名为斯帕德（SPAD）。
- 1913年的竞赛飞机是在后缘上采用了不寻常的反梯形设计。

第一代水上飞机

- **柯蒂斯公司的A系列水上飞机**：虽然是由柯蒂斯公司自己展示给美国海军的飞机，但是A-1和A-2飞机为一系列成功的生产型飞机铺平了道路。它们首飞于1911年，并承担了舰载机的甲板试验。
- **奥式舵（OERTZ）W6飞机**：1917年的奥式舵W6 Flugschoner是德国海军的一项创新设计。其动力装置采用了两台179千瓦（240马力）的迈巴赫（Maybach）发动机，该机有两套双机翼安装在一个船的木制船体上。
- **肖特（SHORT）的74型飞机**：作为肖特的海事类水上飞机，该机在1914年投入了皇家海军航空队服役，当时，74型飞机从运输舰亚瑟（Arthusa）、恩嘎丁（Engadine）和里维埃拉（Riviera）上起飞，在历史悠久的圣诞节参加了对库克斯港（Cuxhaven）的空袭作战行动。
- **索普威思（SOPWITH）的"蝙蝠"（BAT）水上飞机**：英国的首架水上飞机，从1913年起，"蝙蝠"水上飞机就在第118海军联队服役，一直到

1914年后期一直在执行斯卡帕湾（Scapa Flow）的巡逻任务。该机配备了一台奥斯托－戴姆勒（Austro-Daimler）或格林（Green）75千瓦发动机。

硬壳式构造飞机

1913年4月，莫里斯·普雷沃，在摩纳哥驾驶一架硬壳式构造的水上飞机，赢得了施耐德空中竞赛冠军，保证了将由法国来主办下届"施耐德杯"比赛。

"侏儒"气缸旋转式发动机是一种14缸发动机，该发动机可以每分钟1350转输出119.3千瓦（160马力）的功率。

座舱中虽有两个座椅，但是在参加竞赛时只用一名单独的飞行员来驾驶飞机。没有风挡玻璃，意味着座舱很通风。

浮筒或机轮起落架都可以安装。当时浮筒安装特别匀整。

硬壳式构造飞机

机型：气缸旋转式发动机单翼竞赛飞机

动力装置：一台119千瓦（160马力）的"侏儒"14缸双排气缸旋转式发动机

最大飞行速度：203.85千米/小时（126英里/小时）

重量：最大起飞重量450千克（990磅）

外形尺寸： 翼展　　　　6.55米（21英尺）

　　　　　　　机长　　　　6.10米（20英尺）

　　　　　　　机高　　　　2.30米（8英尺）

　　　　　　　机翼面积　　9.66平方米（104平方英尺）

通过把一个匀整的圆形截面与一个轻量级外壳结合在一起，硬壳构造使设计师减少了飞机的重量和阻力。由于没有内部支撑，使得安装操纵线缆和燃油管很容易。

长长的、斜置垂尾是迪普大森飞机的一个特征。在战争期间被新公司斯帕德（SPAD）用于其飞机上，尤其是斯帕德（SPAD）的S.VII和S.XIII战斗机。

施耐德（Schneider）杯冠军

迪普大森飞机具有非凡性能的关键因素之一是动力装置。这种气缸旋转式发动机，其气缸能绕着用于冷却的中心轴旋转，虽然难以控制，但是既轻且动力强大。另一个因素是建造的方法。不是围绕一个内部框架建造机身，迪普大森的设计师通过使用硬壳式（从字面上看，是单蛋壳的意思）构造减轻了重量、增加了强度。三个1.5毫米厚的郁金香木层胶合在一起，一个在另一个的顶部，围绕一个雪茄形模具生产机身，其蒙皮不需要内部支撑。

该机在芝加哥举办的1912年"詹姆斯·戈登-贝内特（James Gordon-Bennett）杯"竞赛中取得了第一名和第二名的成绩。第二年，普雷沃在摩纳哥赢得了"施耐德空中竞赛奖杯"，当时该飞机装备了浮囊。

1913年9月在兰斯（Reims），普雷沃做得更好。凭借配有较小机翼的竞赛机，他用了不到一

▲ 1913年，单翼机还是一种激进的设计，因此很多设计师并不会考虑建造它们。福克·恩德克（Fokker Eindeker）的成功只是要表明这种概念有多好。

小时的时间就完成了200千米（124英里）赛程，首次把世界飞行速度纪录向上推动了1千米的距离，超过了200千米/小时（125英里/小时）。

硬壳结构具有相当高的飞行速度主要是由于其采用了低气动阻力的单翼。机身的两个主梁上设置了用于机翼的张线。

滚转操纵通过"机翼翘曲"来达到，这是在发明副翼前一种简单但有效的解决方案。

94

迪普大森的历史

阿尔芒·迪普大森是一个富有的法国丝绸商人，其1910年在靠近兰斯（Reims）的佰格内（Bethernay）创办了Société Pour les Appareils Deperdussin，或者简称为斯帕德（SPAD）。

1912年的迪普大森TT观察和巡逻单翼机。

迪普大森在1913年被投入监狱之后，两位天才雇员安德烈·埃贝蒙（André Herbemont）和路易斯·布莱里奥特，填补了他离去后的空白。他们设计了许多成功的高速轻型硬壳构造式、以"侏儒"发动机为动力的单翼机。1912年9月9日，一架硬壳式构造的飞机在儒勒·威登西纳（Jules Véderines）的驾驶下，在伊利诺斯州的芝加哥赢得了第四届"詹姆斯·戈登-贝内特航空杯"（James Gordon-Bennett Aviation Cup）赛事的冠军，随后成功接踵而至。

1913年4月16日，莫里斯·普雷沃在摩纳哥有史以来第一次赢得了施耐德空中竞赛冠军奖杯。9月29日，他赢得了兰斯的戈登·贝内特比赛冠

创纪录的迪普大森硬壳式构造的戈登·贝内特竞赛飞机。

军，并创造了一项203.85千米/小时（126英里/小时）的新的世界绝对飞行速度纪录。当尤金·吉尔伯特10月27日在巴黎赢得了亨利·多伊奇·德拉·默尔特赛事的冠军后，完成了一个大满贯年。在短短几个月中，埃贝蒙和布莱里奥特就制造成功了世界上最快的飞机，给迪普大森的名字树立了威望。到1914年，该公司被主要的航空先驱路易斯·布莱里奥特接管，并把该公司改名为Société Pour L'Aviation Dérives（也简称为SPAD）。

在第一次世界大战期间，法国军队的拉斐特飞行小队（Lafayette Escadrille）的一架斯帕德（SPAD）S.VII C.1飞机。

Do X飞机

● 水上飞机的先驱 ● 当时最大的水上飞机

今天，这是度假的水手和帆板运动员常去的地方。但是在1929年，博登湖（Lake Constance）是世界上最大的飞机的大本营。作为由传奇设计师克劳迪斯·多尼尔（Claudius Dornier）博士创建制造的一架跨大西洋乘客运输机，12台发动机的多尼尔Do X飞机是一架非主流的表演机，该机从来没有成为一种商业化提议。但是它突破了航空界限。

▲ 这位应该叫理查德·瓦格纳（Richard Wagner）多尼尔的首席试飞员，正坐在首飞的"泰坦尼克"（Titanic）号水上飞机的巨大的操纵盘后面。

多尼尔 Do X飞机

▼ 豪华的住宿

在20世纪20年代和30年代的飞行中，其只供富人乘坐，Do X豪华的内饰反映了当时的奢侈。

▲ 创新

克劳迪斯·多尼尔是伟大的航空先驱之一。在20世纪20年代早期，他曾经设计了很多成功的水上飞机，其精炼的设计特点最终体现在Do X飞机上。

◀ 动力
12台星形发动机使Do X 飞机成了当时功率最大的飞机。

▶ 引人注目
无论Do X飞机出现在哪儿，都可以吸引大堆的人群。

▼ 在大本营的水中
Do X飞机是一艘可以飞行的船，而不是一架可以在水中漂浮的飞机。

Do X 飞机档案

- Do X记录的载客量显示，其搭载过10150名受邀乘客和9名无票偷乘者。
- 在其最初，Do X飞机需要花费20分钟时间才能蜗牛般地爬升到600米（2000英尺）的高度。
- 机翼是如此厚以至于可以让一名工程师通过其进入发动机中。
- 在一次试飞中，Do X飞机跑了13千米（8英里）还没能升空。
- 虽然使用了更大功率的发动机，但是Do X飞机还是只能以悠闲的175千米/小时（110英里/小时）的速度巡航。
- Do X飞机在其首次跨大西洋航行中，在空中的飞行时间总计为211小时——这还分散在19个月的时间里！

Do X 飞机

机型：试验性客运水上飞船

动力装置：12台450千瓦（660马力）的柯蒂斯"征服者"9缸星形发动机

最大飞行速度：210千米/小时（130英里/小时）；巡航速度175千米/小时（110英里/小时）

爬升高度所用时间：14分钟到达1000米（3280英尺）高度

最大航程：2200千米（1370英里）

实用升限：1250米（4100英尺）

重量：空重32675千克（72040磅）；装载重量56000千克（123406磅）

有效负载：15325千克（33790磅），包括14名机组成员、66名乘客；在创纪录的博登湖飞行中，其乘坐有10名机组成员、150名乘客和9名无票偷乘者——总共169人。

外形尺寸：
翼展	48.00米	（157英尺5英寸）
机长	40.05米	（131英尺2英寸）
机高	10.10米	（33英尺1英寸）
机翼面积	250平方米	（2690平方英尺）

Do X "海上怪物"

多尼尔巨大的水上飞船是空中运输变革的一次尝试。不幸的是，这种野心超出了现有的技术水平，因此这不是一个成功的机型。

Do X水上飞船在机翼上的6个发动机舱中有12台发动机。机翼的厚度足够形成一个狭小的空间，能用梯子到达每一个发动机舱中，以能让工程师很方便地检修发动机，即使在空中飞行时。

Do X飞机的飞行员坐在上层甲板前面的一个巨大的方向盘后面。较小的操纵盘用于进行空中操纵修正和在水中操纵舵面。

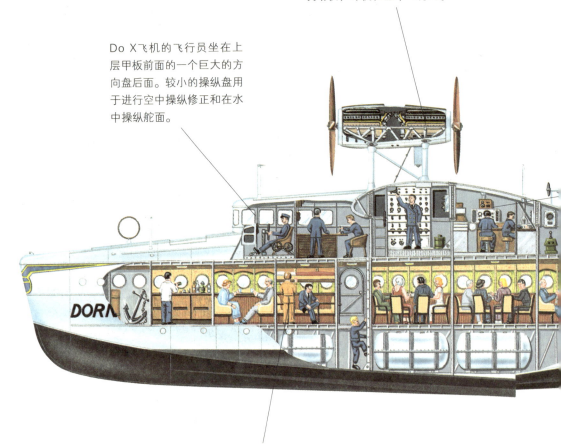

乘客乘坐在两个机舱中，位于机翼前缘的前后。酒吧和吸烟室在船头，厨房在船后部。行李存放在厨房后面。

Do X水上飞机原来使用的发动机是12台英国设计的布里斯托尔"木星"（Jupiter）星形发动机，但是为了跨越大西洋，它们被替换成了12台功率稍强的柯蒂斯"征服者"（Conquerors）发动机。

大尾翼给Do X飞机提供了相当好的稳定性，为了提高操纵性，在机身上额外连接了一个水平尾翼。

上层甲板供空中机械师、领航员、维修技术人员和无线电操作员使用。

D-1929

Do X的船体和机翼是全金属构造，但是极大的机重和动力匮乏意味着该机永远不可能到达其设计使用高度。

Do X在龙骨的后部配备了一个方向舵，以使飞机能在水中转向。

跨大西洋飞行的"泰坦尼克"号水上飞船

对于巨型多尼尔Do X飞机来说，其唯一革命性的事情是它的尺寸。但仅此是否能代表一种巨大的飞跃还是未知之数。

全重56吨，这是当时世界上最大的飞机。虽然该机比当时的任何飞机都具有更大的动力，但是Do X飞机至多不过是一架非主流的表演飞机。巨大的水上飞船极其缓慢，要花费很长时间才能到达其不足1250米（3300英尺）的可怜的使用飞行高度。

但是Do X飞机代表德国又重新出现在了世界航空舞台上，这是在德国的航空工业在第一次世界大战结束遭到重创之后，仅仅用了十年时间就做到了。并且用了一次划时代的首航来庆祝其重生。这次首航从欧洲到非洲，穿过大西洋到达南美洲，并抵达纽约，然后返回。

最终，这架巨大的飞机被移交给德国汉莎航空公司，但是这架客机在商业上不可行，并且从来没有承载过任何付费乘客。该机最终在柏林博物馆结束了它的时代，并毁于1945年的一次空袭炮火中。

▲ 1929年7月12日上午，Do X飞机正在从博登湖的湖面上起飞。

◀ Do X成功地，虽然有点延误，飞到纽约极大地推动了德国的飞机工业的发展，使其从第一次世界大战沉重的打击中恢复过来。

Do X水上飞船穿越大西洋的旅程

■ **离境**：这是旅程的最容易阶段，拜访了阿姆斯特丹的水上飞机基地（左）和英格兰南部的卡欧夏特（Calshott）。无论Do X去了哪儿，它都会吸引来观光的人潮。

■ **西非**：尽管具有巨大的载油量，但是Do X的航程还是很有限，因此穿越大西洋必须选择最窄的地方。1931年6月30日，Do X从葡属几内亚（Portuguese Guinea）出发。

■ **飞到里约热内卢（RIO）**：17天后，Do X抵达里约热内卢（Rio de Janeiro）。穿越最宽的部分，从佛得角群岛（Cape Verde Islands）到费尔南多－迪诺罗尼亚（Fernando Noronha），花了13个小时。

■ **抵达纽约受到欢迎**：在接下来的8周，Do X用它的方式通过加勒比海跨过南美洲和北美洲。这架巨大的飞机抵达纽约时引起了轰动。

■ **回国**：在美国越冬后，Do X通过纽芬兰（Newfoundland）和亚速尔群岛（Azores）越过北大西洋。1932年5月24日，该机降落在柏林的米格尔（Müggelsee），受到疯狂的欢迎。

Do 29飞机

● 研究机　● 在枢轴上偏转的螺旋桨　● 垂直起飞

专为研究短距起飞/着陆（STOL）和垂直起飞/着陆（VTOL）的飞行而建造的Do 29飞机，在1958年12月进行了首飞。其用两台带有三桨叶推力螺旋桨的GO-480发动机作动力，该发动机能绕着枢轴向下转动高达90° 以获得最大的垂直起飞和着陆性能。但是从来没有计划要建造该机的一种生产型飞机，这只是由德国国防部资助的一个研究项目。

多尼尔 Do 29飞机

▲ **未来战斗机**
尽管其外观笨拙，但是设计Do 29飞机的目的是为德国空军制造一架垂直起飞战斗机和一架运输机，这两个项目后来都被取消。

◀ 一个结构的主设计师，克劳德·多尼尔教授（Professor Claude Dornier）几十年来影响了德国的飞机设计。他设计了一些有史以来建造过的最具创新性的飞机。

▼ **试飞**
德国试飞员发现，在驾驶这架革命性的飞机时，他们能快速适应该机的技术要求。

▲ 成熟的设计

Do 29的基本型机体使用了Do 27的机身，以便项目成本保持在最低限度，只需要对机翼做一些必要的修改。

◀ 绕枢轴转动的螺旋桨

借助它的两台莱康明发动机进行了一次快速起飞，证明Do 29飞机的起飞滑跑距离明显短。

▼ 没有处理过的照片

飞行员坐在一个球根状座舱盖下面，沿着飞机机头具有极佳的视野。安装了一个马丁–贝克弹射座椅以防出事。虽然该机型进行了广泛的试飞，但是从来没有发生过重大的问题。

Do 29 飞机档案

- Do 29的首架原型机首飞于1958年12月，随后另外两架飞机也快速地升空了。
- 螺旋桨能绕枢轴偏转，最大达到90°。
- 动力装置采用了两台美国Avco的莱康明活塞式发动机。
- 德国人对垂直起飞飞机的兴趣源于第二次世界大战，并一直持续到战后的设计中。
- 为了降低成本，采用了Do 27的飞机部分。
- 一架存留下来的Do 29飞机被保存在德国比克堡（Buckeburg）的直升机博物馆中。

非常规的可以垂直起降飞机

- 维尔托（VERTOL）的VZ-2A飞机：这是为美国陆军和海军开发的第一种可以垂直起降飞机中的一架。该机首飞于1957年8月，在退役前完成了几百架次的试飞。

- 希勒（HILLER）的X-18飞机：在可以垂直起降飞机领域是真正的开拓者之一，大型的X-18飞机被作为美国未来军用运输机进行试飞。一台涡轮喷气发动机提供了额外的动力，这改善了该机的起飞性能。

- 赖安（RYAN）的VZ-3RY飞机：首飞于1958年12月，小型的赖安飞机在垂直飞行的研究领域扮演了一个重要角色。最终，该机被移交给NASA，并一直飞到20世纪60年代。

Do 29飞机

为了研究垂直起降飞行的潜力，开发了无数个试验型飞机。其中最成功的一个是德国多尼尔的Do 29飞机，其总共建造了三架飞机。

两台AVCO 莱康明星形发动机安置在Do.29飞机机翼的中央位置。它们可以绕枢轴偏转以便飞机可以实现极短距离的起飞和着陆。

座舱是为一个单独的飞行员量身订造的，并配备了一个马丁-贝克弹射座椅。其优异的视野可以让飞行员观察发动机的偏转情况。

虽然从Do 27实用型飞机上引进过来，但是高位设置的起落架为螺旋桨提供了足够的空间，并且能够承受早期试飞阶段的粗猛着陆。

Do 29 飞机

机型： 短距起飞和垂直着陆研究机

动力装置： 两台201千瓦（270马力）的AVCO莱康明GO–480–B1A6活塞发动机。驱动了反向旋转的三叶型哈策尔（Hartzell）螺旋桨。

最大飞行速度： 在最佳高度达到290千米/小时（180英里/小时）

失速速度： 75千米/小时（47英里/小时）

起飞距离： 15米（50英尺）

重量： 最大起飞重量2500千克（5500磅）

装载量： 一名飞行员

外形尺寸： 翼展　　　　　13.20米（43英尺4英寸）

　　　　　　机长　　　　　9.50米（31英尺2英寸）

　　　　　　机翼面积　　　21.80平方米（235平方英尺）

为了吸收着陆的冲击并防止机身受到螺旋桨的振动力，给机身采用了额外的加强件，机身每侧两个，机身底部三个。

一个巨大的固定式单尾轮位于后部机身。这是专为该机设计的几个部件中的一个。

多尼尔的成功崛起

通过Do 29项目获得了短距起飞/着陆和垂直起飞/着陆的很多有用的数据。这些数据对于一架计划中的军用运输机的研制来说是必要的。德国人也对一架垂直起飞战斗机进行了研究，并把这些数据也用到了这一概念的研究上。

总共建造了3架原型机。与起初的Do 27相比，Do 29有一个更大的垂尾和方向舵，在尾翼下部还有一个额外的鳍，以改善该机的低速操纵性。为了安装发动机对机翼也不得不进行了更改，增加了翼展和机翼面积。在重新设计的前机身上有一个供飞行员使用的弹射座椅。

螺旋桨反向旋转以便抵消它们的扭矩。沿着机身的侧面和底面用加强件对结构进行了必要的加强，部分是为了应付增加的载荷，部分是为了防止机身两侧的桨尖涡。

多尼尔继续建造了Do 31STOL/VTOL运输机的原型机，该机使用了2台喷气发动机作推进动力，另外8台发动机用于产生升力，但是过于复杂的动力布局意味着计划的生产型飞机从来没有建成。

▲ "多像一间视野良好的小房子"，多尼尔Do 29飞机的飞行员享有极佳的视野。

▼ 带有一根从机头伸出的测试管，这架Do 29起飞，开始执行另一项试验飞行。其发动机设定在全偏转位置。

作战数据

最大飞行速度

虽然该试验机的设计并不要求是要飞得多快，但是相比于其他的可以垂直起降飞机，Do 29飞机的速度性能是比较差的。这其中最快的飞机是多克（Doak）的VZ-4DA飞机，该机使用了两个涵道螺旋桨。

Do 29飞机　　　　290千米/小时（180英里/小时）

XV-3飞机　　　　291千米/小时（181英里/小时）

VZ-4DA飞机　　　370千米/小时（229英里/小时）

动力

由于设计在后，多克（Doak）的VZ-4DA飞机采用了一个比Do 29飞机动力更大的的动力装置，因此当悬停时，该机更稳定。虽然配备了两台发动机，但是Do 29飞机的可用动力还是出奇的少，但是由于该机的尺寸小，因此这一缺陷得到了弥补。XV-3飞机的动力输出最小。

 Do 29飞机 402千瓦（540马力）

 XV-3飞机 336千瓦（450马力）

 VZ-4DA飞机 626千瓦（625马力）

起飞重量

由于这些飞机是试验性设计，因此如果想使它们的设计可行，那么它们的起飞重量将是至关重要的。虽然Do 29飞机的机身较小，但是它的起飞重量是这三种飞机中最大的。

Do 29飞机　　XV-3飞机　　VZ-4DA飞机
2500千克　　2177千克　　1452千克
（5500磅）　（4790磅）　（3194磅）

D-558"天空闪光"/"天空火箭"(SKYSTREAK/ SKYROCKET）

● 纪录创造者　● 火箭/喷气动力　● 超声速研究机

　　该机像一个带机翼的子弹头，飞起来就像它的名字一样——"天空火箭"。闪着白色光芒的道格拉斯D-558-II是试验飞机家族的成员，第二次世界大战刚刚结束就超越了声障。其虽然是用火箭作动力来研究超声速速度和后掠翼在高速飞行中的效果，但是其在一系列令人惊叹的飞行中曾打破了几项飞行纪录。

道格拉斯公司 D-558 "天空闪光"/"天空火箭"飞机

◄ 虽然该机由于出现太晚以致没能荣获首架超声速飞机的桂冠，但是"天空闪光"飞机却把飞机制造学的知识和高速设计推向了前沿。

▼ "佩刀"（Sabre）飞机伴飞
在试飞时，"天空火箭"飞机经常用一架"佩刀"飞机来伴飞。F-86飞机的大部分成功要归功于早期的高速飞机。

▼ 直线型
该"天空火箭"飞机与原味的"天空火箭"飞机相比有更常规的气动设计，其采用的直机翼和尾翼设计，看起来更像一种第二次世界大战时在本土使用的飞机。该机的驾驶舱很小。

◀ 投放

在后来的飞行中，B-29飞机的一架海军的P2B机型挂载着"天空火箭"飞机在空中飞行，以使该机能保留更多的动力来进行更高速度的飞行。这样做，可以使"天空火箭"飞机使用很少的燃油就能爬升到其需要的高度。

▶ 后掠翼

这架"天空火箭"飞机用后掠翼和新的火箭和喷气混合动力装置进行了广泛的重新设计，成为真正的"天空火箭"飞机。

▼ 未来派

20世纪50年代，"天空火箭"飞机看上去很令人吃惊，与其相似的战斗机10年后才出现在飞机设计中。

D-558 "天空闪光" / "天空火箭" 飞机档案

- 1948年2月4日，三架D-558-II中的首架"天空火箭"飞机在加利福尼亚州进行了首飞。
- 在1953年退役前，最后一架"天空闪光"飞机执行了82次研究飞行。
- 第三架"天空火箭"飞机一直用来自第一架飞机的备件保持着飞行。
- 设计师埃德·海涅曼（Ed Heinemann），

因为他在D-588-II飞机上的工作被授予了西尔韦纳斯·艾伯特·里德（Sylvanus Albert Reed）航空奖。
- M.卡尔（M Carl）中校在D-588-II飞机上创造了一项非官方的25364米的高度纪录。
- "天空火箭"飞机的最后一次飞行是在1956年12月20日。

X-飞机的空中投放

■ **地面发射**：利用其火箭发动机，"天空火箭"飞机可以进行地面发射。在这一方面，该机要比贝尔的X-1飞机先进，因为X-1飞机只能进行空中发射。20世纪50年代由于高空轰炸机的威胁，设计师被吸引到火箭助推拦截机的概念上，

但是从没有一个这样概念的飞机投入了服役。但是无论如何，这种助推方法在为高速飞行研究中提供大推力方面是有用的。

■ **空中发射**：与其伟大的对手，贝尔的X-1飞机一样，"天空火箭"飞机可以从一架B-29飞机上进行空中投放。这可以让"天空火箭"飞机在其火箭发动机和喷气发动机点火之前获得大约320千米/小时（200英里/小时）的速度

优势，并节约了正常起飞和爬升中的燃油消耗。在整个飞行期间，飞行员可以一直待在"天空火箭"飞机中，而不用像X-1飞机一样在飞机发射前才爬到飞机中。

D-558-II "天空火箭" 飞机

机型： 后掠翼研究机

动力装置： 一台13.61千牛（3059磅）推力的西屋J34-W-22发动机，再加上一台27.2千牛（6117磅）推力的化学反应型XLR-8火箭发动机

最大飞行速度： （只用涡轮喷气发动机）941千米/小时（583英里/小时）；（混合动力）1159千米/小时（718英里/小时）；（只用火箭发动机）2012千米/小时（1247英里/小时）

重量： 最大起飞重量6925千克（15267磅）（涡轮喷气发动机）；（混合动力装置）7171千克（15800磅）

承载量： 飞行员、动力装置和燃油

外形尺寸： 翼展　　　　7.62米（25英尺）

　　　　　　　机长　　　　13.79米（45英尺）

　　　　　　　机高　　　　3.51米（11英尺）

　　　　　　　机翼面积　　16.26平方米（175平方英尺）

适合于高速飞行的"V"形座舱盖把座舱的尺寸减小如此多以至于飞行员要戴上软头盔。

也许"天空闪光"飞机最不寻常的功能是在其机头部分的逃生系统，该系统下沉安装到了远离主机身的部位，一旦机头慢下来足以使用逃生系统时，能让想脱离困境的飞行员逃生。

前起落架向前收起，主机轮向内收。

D-588-I "天空闪光"飞机

　　在1947年5月至1953年6月间，道格拉斯的"天空闪光"飞机执行了一系列高速试飞，并在1947年8月创造了一项新的1031千米/小时（639英里/小时）的世界飞行速度纪录，随后超过5天之后，又达到了1047千米/小时（649英里/小时）的飞行速度。

管形机身是用常规合金建造的。应变计被安装在机翼和尾翼的不同部位以评估高速飞行的应力。

在J35发动机的压缩机解体后，第二架"天空闪光"飞机坠毁。

由于要用于高亚声速飞行，所以"天空闪光"飞机采用了一个像超声速的贝尔X-1飞机那样的直机翼。用在"天空闪光"飞机上获得的跨声速飞行时的气动知识，为研制后掠翼的"天空火箭"飞机和后来的战斗机设计提供了帮助。

"天空闪光"飞机的动力装置是一台艾利森J35A-11涡轮喷气发动机，其功率为22.68千牛（4990磅）推力。该发动机也用在了原型机波音的B-47飞机和道格拉斯的F4D"天光"（Skyrays）上。

117

两倍于声速

为了响应全国航空咨询委员会（NACA）关于高速研究机的需求，道格拉斯公司设计了"天空闪光"飞机，后来是"天空火箭"飞机。首架"天空闪光"飞机首飞于1947年，并在当年8月打破了一项世界速度纪录。配备后掠翼的超声速D-588-II"天空火箭"飞机，也是由伟大的埃德·海涅曼设计的。它的机身包含飞行员的可抛投舱、涡喷发动机、火箭发动机、起落架和燃油。为了改善视野，最初的翻盖式座舱盖被改换到一个抬高的座舱上。三架"天空火箭"飞机最初使用喷气与火箭组合动力从陆地起飞。后来，它们被从一架海军的P2B-15飞机上进行空中发射。

从1950年到1956年，勇敢的试飞员——尤其是威廉·B.布里奇曼（William B. Bridgeman）和斯科特·克罗斯（Scott Crossfield）——进行火箭飞行，把飞机推进到了包线极限，并取得了丰富的新航空知识。当斯科特·克罗斯在1953年11月20日驾机飞到马赫数2.005时，"天空火箭"飞机成了第一架以两倍声速飞行的飞机。

▲ 无论出现在哪儿，这架"天空闪光"飞机都会用它的橙色涂装方案吸引大批的注意力，尤其在一周内两次打破世界飞行速度世界纪录后更是如此。

◄ 火箭助推起飞是蔚为壮观的事情，飞行员喜欢具有巨大推力的火箭发动机。尽管进行了火箭助推喷气发动机飞机的试验，例如，幻影III和米格-21，但是火箭发动机带来的麻烦通常要比它们的使用价值大得多。

作 战 数 据

飞行速度

　　"天空火箭"飞机的动力要比DH.108飞机或雅克–50飞机要大得多，这是由于有火箭发动机的辅助动力。只用涡轮喷气发动机的动力，该机的飞行速度能达到941千米/小时（583英里/小时）。只用火箭发动机，该飞机的发射速度达到大约2012千米/小时（1247英里/小时）是可能的。雅克–50飞机只用一台VK–1涡喷发动机几乎就能达到同样快的速度。

DH.108飞机　　　　　　　1030千米/小时（639英里/小时）

D–558"天空火箭"飞机　　　1159千米/小时（718英里/小时）

雅克–50飞机　　　　　　　1135千米/小时（704英里/小时）

推力

　　在火箭发动机的辅助下，"天空火箭"飞机的动力几乎具有一架雅克–50飞机和DH.108飞机组合在一起的动力总和。由于火箭发动机

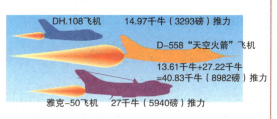

DH.108飞机　　14.97千牛（3293磅）推力

D–558"天空火箭"飞机
13.61千牛+27.22千牛
=40.83千牛（8982磅）推力

雅克–50飞机　　27千牛（5940磅）推力

的续航时间很短，因此"天空火箭"飞机只能在很有限的一段时期内使用火箭发动机。DH.108飞机虽然由一台单独的"哥布林"（Goblin）发动机提供动力，但是是一架小得多的飞机，因此该机仍能飞得很快。

首次超声速飞行

　　在超声速竞赛中，美国处于领先地位，无论是DH.108飞机还是雅克飞机实现超声速飞行都落后于"天空火箭"飞机。当DH.108飞机在1946年试

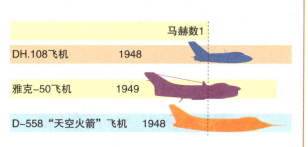

马赫数1

DH.108飞机　　1948

雅克–50飞机　　1949

D–558"天空火箭"飞机　　1948

图进行一次超声速飞行时发生了坠毁。到1953年，"天空火箭"飞机以两倍声速的飞行速度进行了飞行。雅克–50飞机在其竞争对手米格–15之前实现了超声速飞行。

X-3飞机

- 高速飞行 - 钛金属构造 - 研究机

　　作为曾经在视觉上最引人注目的飞机之一，道格拉斯公司的X-3飞机被称为"短剑"（Stiletto）。作为20世纪40年代和50年代在加利福尼亚沙漠上空进行试验型X-1飞机试验的战后创业时期的一个产品，X-3飞机的出现为准备探索性能包线外边缘的新领域铺平了道路。不幸的是，虽然提供了一些有用的研究数据，但是X-3的表现差强人意。

道格拉斯公司 X-3飞机

◀ 道格拉斯公司曾经期望X-3飞机能达到超过马赫数2的飞行速度，但是很显然，在早期阶段，对于制造商和美国空军来说，这不可能达到。

▶ **白色的"短剑"**
带光泽的白色机身和尾翼操纵面与高度抛光的铝合金机翼形成了鲜明对比。

▼ **未来派设计**
当时的发动机技术还无法发挥先进机身设计的潜力。

▲ **幸存的X-3飞机**

在完成了试验任务之后，X-3飞机移交给了俄亥俄州（Ohio）的美国空军博物馆，现在在那儿还能看见该机。

▼ **流线型造型**

道格拉斯公司的X-3飞机采用了一个修长机身，并带有一个低展弦比的直机翼。

▼ **试验性道格拉斯喷气机**

即使与该公司的D-558-1"天空闪光"（左边）和D-558-2"天空火箭"飞机相比，"短剑"飞机看上去也很未来。这两架早期的道格拉斯飞机取得的成功要比X-3飞机大。

X-3飞机档案

◆ 1952年10月15日，X-3飞机进行了一次非正式的而且短暂的高空飞行，5天后进行了首次正式的空中飞行。

◆ 在其1953年7月28日最快的飞行中，X-3飞机在一次俯冲中达到马赫数1.21的飞行速度。

◆ X-3飞机被展示在俄亥俄州的莱特-帕特森空军基地（Wright-Patterson AFB）的美国空军博物馆。

◆ X-3飞机使用了850个针孔系统，这些针孔系统散布在其结构上以记录压力，和185个应变仪以记录气动载荷。

◆ 有150个温度记录点散布在X-3飞机的机身上。

◆ 在历史上，X-3飞机有最快的起飞速度——418千米/小时（260英里/小时）。

爱德华空军基地的X-飞机

■ **北美飞机公司的X-10飞机**：这架远程遥控的无人驾驶飞机被用来测试用在"纳瓦霍"（Navaho）导弹上段的空气动力学概念。尽管发生了事故，但是该计划是成功的，并且具有马赫数2能力的X-10飞机被用于进一步的研究中。

■ **赖安公司的X-13垂直起降喷气机（VERTIJET）**：20世纪50年代，用两架X-13飞机承担了一项极成功的飞行计划。图中该机验证了从垂直飞行到水平飞行的过渡，当以垂直飞行"着陆"时，其停靠在一个特制的龙门吊架上。

■ **贝尔公司的X-14飞机**：为了研究独特的品质——矢量推力垂直/短距起飞和降落飞机的问题，X-14飞机持续服役了近25年。该机被用于模拟其他垂直/短距起降机型的特性，以及为飞行员提供切身的体验。

X-3飞机

机型：单座研究机

动力装置：两台21.6千牛（4860磅）推力的西屋J34-WE-17涡轮喷气发动机

最大飞行速度：1136千米/小时（704英里/小时）

起飞速度：418千米/小时（260英里/小时）

续航时间：1小时

航程：805千米（500英里）

实用升限：11580米（38000英尺）

重量：空重7312千克（16086磅）；最大起飞重量10813千克（23788磅）

外形尺寸： 翼展　　　6.91米（22英尺8英寸）

机长　　　20.35米（66英尺9英寸）

机高　　　3.81米（12英尺6英寸）

机翼面积　15.47平方米（166平方英尺）

一根空速管延伸在长长的机头前面。每次飞行的所有细节都能被记录，并由揉进机身中的大量传感器来分析。

道格拉斯为飞行员开发了一种特殊飞行服和头盔，以实现超声速弹射。座舱是增压的并带有空调，这是特别重要的，因为期望座舱温度高一点。

长长的机头为测试设备的安装提供了额外的空间，并使道格拉斯公司能把飞机的迎风面积保持在最低限度。

X-3飞机上不寻常的玻璃形状是为了保持该机尽可能薄和具有尽可能干净的气动外形的结果。在空中，风挡玻璃预计将变得非常热。

X-3飞机

只有一架X-3飞机在飞，而且只为研究人员提供了很少的高速飞行数据。但是无论如何，该机提供了一些有用的数据，并且为道格拉斯公司在钛合金和其他异乎寻常的生产技术的使用上提供了经验。

西屋公司不断修订其从J46（从未使用过）和J34涡轮喷气发动机上获得的可用推力的估计值。虽然功率下降，但是道格拉斯公司设计师发现，该机的机身重量正在增加。当人们清楚地看到F-104飞机能提供远远优异的性能时，使用火箭助推的计划被终止。

机身内部采用了铝合金框架并覆有厚铝蒙皮。总的来说，该机虽然装载了544千克（1200磅）的测试设备，但是所有数据必须在着陆后进行分析。

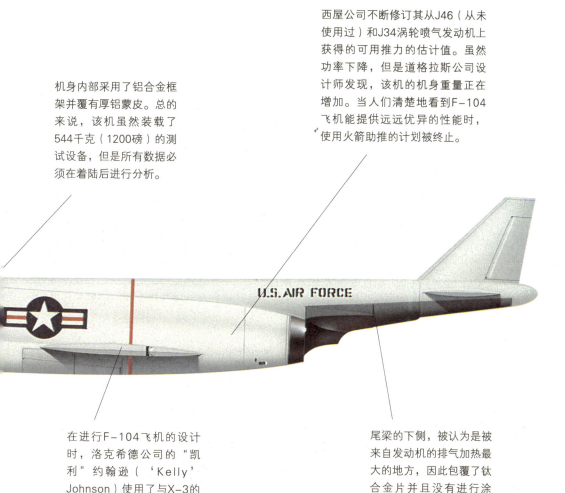

在进行F-104飞机的设计时，洛克希德公司的"凯利"约翰逊（'Kelly' Johnson）使用了与X-3的低展弦比机翼有关的数据。

尾梁的下侧，被认为是被来自发动机的排气加热最大的地方，因此包覆了钛合金片并且没有进行涂装。全动式水平尾翼也采用了钛合金蒙皮。

独特的道格拉斯设计

为了研究在高空、高速飞行过程中遇到的高温和压力,1945年,X-3飞机开始在设计师的图板上进行构思。该计划是如此的复杂以至于在实体模型在1948年8月被批准建造前经过了三年时间。1949年6月,道格拉斯公司赢得了一份建造两架飞机再加上一架静态测试用的飞机的合同,但是最终,只建造了一架原型机,第二架部分完工的飞机为第一架飞机提供了部件。

在1952年的首次飞行中,X-3飞机看起来很怪异。

飞行员坐在加压机舱中一个向下弹射的座椅上,该座椅可以电动升降以为地面登机提供入舱口。X-3飞机在滑行时很难操纵,起飞时很复杂,而且飞行很难。

X-3的设计具有前所未有的复杂性,因为其使用了钛和其他的先进材料。不幸的是,尽管其采用了俏皮的外观和革命性的建造,但是X-3飞机动力不足,并且只能为研究人员提供很少的数据。美国空军对该机只试飞了6次,道格拉斯公司试飞了25次, NACA(国家航空咨询委员会)在X-3飞机于1956年退役前资助进行了20次飞行。

▲ 肩部安装的进气道用于为西屋的喷气发动机提供进气。进气道有固定的斜面并进行了优化以使其在马赫数2时发挥最大效率。

▼ 专家认为,像X-1和X-2这样的飞机只能短时间达到很高的飞行速度,因此设计X-3飞机旨在实现持续的高速飞行。

作 战 数 据

最大飞行速度

　　虽然专为用于高速飞行研究，但是X-3飞机很快就被刚投入服役的新一代战斗机超越。尤其是，F-104A飞机远远优于"短剑"飞机。

X-3飞机　　　　　　　　　　1136千米/小时（704英里/小时）

F-104A "星" 战斗机（STARFIGHTER）　　　　1850千米/小时（1147英里/小时）

F-102A "三角剑"（DELTA DAGGER）飞机　1266千米/小时（785英里/小时）

推力

　　X-3飞机具有可怜的性能的主要原因之一是其发动机的动力不足。飞机的重量也是一个问题，虽然提出了注射水或液氨的各种方法，但是没有人尝试过。

X-3飞机　　43.2千牛（9718磅）推力

F-104A "星" 战斗机（STARFIGHTER）
70.3千牛（15815磅）推力

F-102A "三角剑"飞机　　71.2千牛（16017磅）推力

实用升限

　　X-3飞机的实用升限也比新战斗机低。虽然道格拉斯公司曾设想在高空飞行，但F-104A飞机从X-3的数据中受益后，飞到了更高的高度。

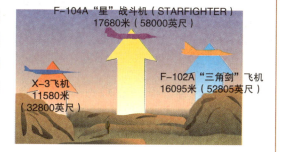

F-104A "星" 战斗机（STARFIGHTER）
17680米（58000英尺）

X-3飞机
11580米
（32800英尺）

F-102A "三角剑"飞机
16095米（52805英尺）

欧洲战斗机联合体

EF2000

● 灵活的战斗机　● 对地攻击机　● 多国研制和使用

由4个国家联合研制、融入了20世纪航空科学的全部重要成果的EF2000，注定会成为21世纪战斗机中的佼佼者。它将是新世纪中5年内欧洲航空工业的重要里程碑和国防的重要支柱，也将依靠新技术在未来空战中取得高科技的胜利。

▲ 欧洲战斗机联合体的EF2000具有速度快、灵活性强、潜力巨大等特点，它融汇了尖端技术，使欧洲有了一种灵活性最强的新一代超级战斗机。

欧洲战斗机联合体 EF2000

◀ **欧产发动机**
　　罗尔斯－罗伊斯公司和奔驰公司为首的经验丰富的公司制造了"欧洲战斗机"的EF2000发动机。

▶ **高技术勇士**
　　"欧洲战斗机"从外形看并不奇特，但机身和发动机设计融入了最新科技成果，使用了最新航空电子、隐形和武器的新技术。

▼ **多用途、多国型战斗机**
　　EF2000符合英国、德国、意大利和西班牙空军的各种苛刻要求，是真正的多用途战斗机。

▲ 欧洲的保卫者

"欧洲战斗机"将在未来30年中，作为欧洲防空的支柱，提供极其精确的打击能力。

▼ 正向控制

后部的三角翼和"鸭式"前翼，使"欧洲战斗机"在各种高度下，都具有高超的机动性能。

EF 2000档案

◆ "欧洲战斗机"的飞行速度比一颗9毫米手枪子弹初速快一倍。

◆ "欧洲战斗机"速度快、升限高，能进行大仰角飞行以取得近距离格斗的胜利。

◆ "欧洲战斗机"能同时跟踪12个目标，并一次与其中6个交战。

◆ 20世纪80年代末，"欧洲战斗机"的某些特性就在英国航空航天公司的战斗机技术验证（EAP）机上测试过。

◆ 与多数新一代的战斗机相同，EF2000使用前翼改善性能。

当今的超级战斗机

■ **苏霍伊设计局的苏-27"侧卫"**：这是具有争议的目前现役中最好的战斗机之一，"欧洲战斗机"的性能强于目前正在研制中的苏-27后继机型。

■ **达索公司的"阵风"**：法国退出"欧洲战斗机"计划后开始独立研制"阵风"，它在设计上与"欧洲战斗机"相似，但更为轻巧。

■ **瑞典航空航天工业集团JAS 39"鹰狮"**："鹰狮"无尾三角翼鸭式前翼战斗机，体积更小，单引擎。

■ **洛克希德公司的F-22"猛禽"**：F-22融入了大量的隐形技术，是新一代战斗机中性能最强大的，但造价极为昂贵。

EF 2000

没有一架飞机能够执行所有的任务，但是机动灵活、动力强大、装有高性能雷达和强大火力的EF 2000比大多数其他飞机更适合多用途、多任务。

座舱左边安装有一个红外搜索与跟踪被动传感器，能够同时对多个目标进行探测和跟踪。

马可尼公司的ECR-90雷达具有上视和下视的空-空能力，能够同时搜索、跟踪和打击多个目标。

先进的座舱能降低飞行员的工作强度。高技术的特征包括多功能显示器以及用声控技术操作某些非核心功能。

重量不足10吨，但能在9个挂架上携带超过6吨的武器或燃料。

EF 2000

类型： 高性能喷气式战斗机

发动机： 2台60.02千牛（13500磅）推力 "欧洲喷气式" EJ200发动机，使用加力后可增至 90.03千牛（20257磅）推力

最大飞行速度： 在6096米（20000英尺）高空，2马赫以上2125千米/小时（1320英里/小时）

作战半径： 最大武器载荷时，近556千米（345英里）

重量： 空重9750千克（21495磅）；最大载荷时21000千克（46297磅）

武器： 6500千克（14330磅）弹药，包括近8枚导弹，如 "天空闪光"、先进中程空–空导弹、先进短程空–空导弹或 "响尾蛇" 导弹，外加一门27毫米的速射机炮

外形尺寸： 翼展　　　　10.50米（34英尺5英寸）

　　　　　　　机长　　　　14.50米（47英尺7英寸）

　　　　　　　机高　　　　4.00米（13英尺1英寸）

　　　　　　　机翼面积　　50平方米（538平方英尺）

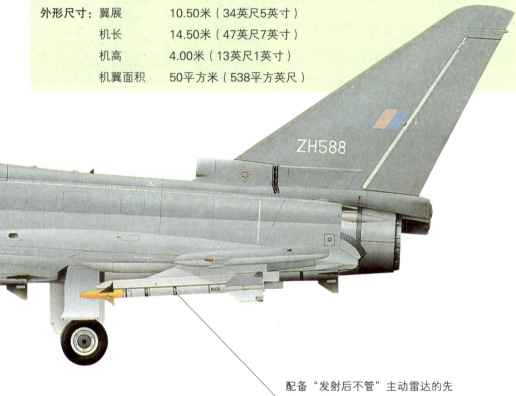

配备 "发射后不管" 主动雷达的先进中程空–空导弹和热追踪先进短程空–空导弹等近距格斗武器，也能携带如AIM–7 "麻雀" 和A1M–9 "响尾蛇" 等上一代的导弹。

欧洲领空的保卫者

欧洲国家为了共同的防御目的，合作研发了这种融合各国顶级技术，拥有先进发动机、雷达、作战子系统、武器系统和航空小设备的多用途战机，充分证明了这些国家的远见。最初的设想比生产出来的EF2000还要先进，只是德国对于过于昂贵的造价提出反对，才使各国同意建造一种造价相对较低的EF2000。尽管如此，融汇了高科技的EF2000仍是当今世界上最好的多用途战机，也是未来多年内欧洲新一代战机的支柱。

▲ 战斗机技术验证（EAP）表明了，前翼的布局和电传飞行控制将造就一种性能卓越的战斗机。

EJ200涡轮风扇发动机燃料利用率很高，"欧洲战斗机"因而大大增加了战斗机高速飞行时的航程。

"欧洲战斗机"没有常规的水平尾翼，爬升和俯冲都由飞机前置翼和机翼后缘控制面联合控制。

三角翼在各种高度和速度飞行时同样有效，这有赖于计算机控制。

鸭式前冀的使用基本上是为了增加低速起飞时的升力。这在近距离格斗时，可大大增强灵活性。

作战数据

最大飞行速度

　　欧洲战斗机联合研制生产的EF 2000是最新一代喷气战斗机中速度最快的，造价昂贵的美国F-22尽管速度更慢些，但是能在更长的时间内保持超音速飞行。

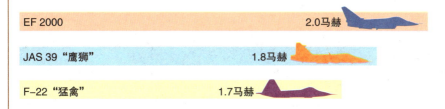

EF 2000　　　　　　　　　　　　　　　　2.0马赫

JAS 39 "鹰狮"　　　　　　　　　　　1.8马赫

F-22 "猛禽"　　　　　　　　　1.7马赫

作战半径

　　在作战半径方面，EF 2000处于劣势；单引擎的"鹰狮"体积更小，燃料用量更少；而F-22体积更大，携带的燃料量更多。对于大多数战术目的而言"欧洲战斗机"的航程足够。

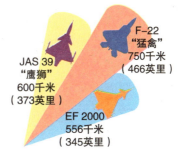

JAS 39
"鹰狮"
600千米
（373英里）

F-22
"猛禽"
750千米
（466英里）

EF 2000
556千米
（345英里）

武器

　　大多数现代战斗机都能携带大量的武器装备。EF2000和"鹰狮"都具有空–空和空–地作战能力，F-22也具有这样的能力，但更侧重于空中优势用途。

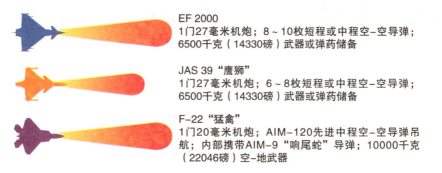

EF 2000
1门27毫米机炮；8～10枚短程或中程空–空导弹；
6500千克（14330磅）武器或弹药储备

JAS 39 "鹰狮"
1门27毫米机炮；6～8枚短程或中程空–空导弹；
6500千克（14330磅）武器或弹药储备

F-22 "猛禽"
1门20毫米机炮；AIM–120先进中程空–空导弹吊航；内部携带AIM–9 "响尾蛇"导弹；10000千克（22046磅）空–地武器

费尔雷公司（FAIREY）

远程单翼机

● 双座远程飞机　● 直飞开普敦创纪录飞行

　　在1929年12月第二次尝试打破世界不着陆飞行距离纪录时，最初的费尔雷远程单翼机坠毁于突尼斯（Tunisia），两名飞行员遇难。当时这架飞机试图从英格兰的克伦威尔（Cranwell）皇家空军基地起飞，飞到南非的开普敦，但由于天气恶劣撞向山腰。英国皇家空军用一架新飞机在该纪录上进行另一次尝试；到1931年7月，飞行距离纪录达到了8066千米（5000英里）。

费尔雷公司 远程单翼机

◀ 在飞到南非之前，进行了飞往班加罗尔（Bangalore）的飞行尝试。在卡拉奇（Karachi），机组成员意识到整个飞行阶段没有足够的燃油。

▲ 凯旋

在2月飞往南非的创纪录飞行完成之后，1933年5月2日，K1991，第二架单翼机，正在范堡罗一条湿滑的跑道上滑行进行公务接待。

▶ 机翼油箱

该单翼机巨大的悬臂式机翼中含有燃油箱。

◀ 可靠的纳皮尔（Napier）
"狮"式发动机

两架单翼机都采用了12缸的纳皮尔"狮"式发动机。1934年，提出了给K1991换装一台447千瓦（600马力）的容克尤莫柴油发动机的想法。想使该机具有一个超过13000千米（8060英里）航程，但该想法最终无疾而终。

▲ 远程单翼机II

建造该机用于代替在飞往南非途中坠毁的J9479，K1991采取了一些改进，其中包括用于减少气动阻力的机轮整流罩、一个新的燃油系统以及一个自动驾驶仪。

▶ 巨大的机翼

在对几种构型进行了广泛的风洞试验之后，该机选用了悬臂式上单翼。

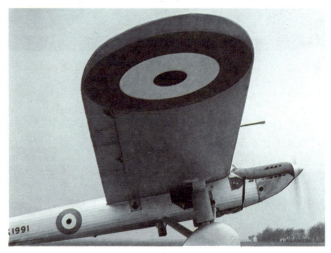

远程单翼机档案

- 为了安抚成本意识很重的财政部和议会，该单翼机被称为邮政飞机。
- 给K1991装备一台经济的菲尼克斯（Phoenix）柴油发动机的计划被报废。
- 建造首架单翼机的协议价格是15000英镑。
- K1991的飞行距离纪录一直保持到了

8月，当时一架法国的"布莱里奥特－萨帕塔"（Bleriot-Zapata）飞机从纽约飞到了叙利亚（Syria）。
- 英国皇家空军的克伦威尔基地被用于远距离飞行，因为该基地有最长的跑道。
- 最初，J9479飞机不能用其最大起飞重量起飞。

20世纪20年代和30年代的飞行距离纪录创造者

- **布雷盖（BREGUET）19飞机：** 在20世纪20年代，法国机组成员用布雷盖（BREGUET）19飞机5次打破世界距离飞行纪录。到1929年，他们已经把自己在1925年创造的纪录翻了一番。

- **萨维奥拉·马尔凯蒂（SAVOIA-MARCHETTI）S.64飞机：** 1928年7月，一个意大利机组成员驾驶一架S.64（一架带有机轮起落架的S.55的改进型）飞机从意大利飞到巴西，飞行了7188千米（4457英里）。

- **威克斯的"韦尔斯利"（WELLESLEY）飞机：** 1938年11月，在装备了"韦尔斯利"飞机后，英国皇家空军远程探索飞行中队从埃及的伊斯梅利亚（Ismailia）飞到澳大利亚的达尔文，飞行了11526千米（7146英里）。

远程单翼机Ⅱ

机型： 双座远程单翼机

动力装置： 一台425千瓦（570马力）的纳皮尔"狮"式ⅨA液冷活塞发动机

巡航速度： 177千米/小时（110英里/小时）

航程： 8932千米（5540英里）

重量： 最大起飞重量7938千克（17464磅）

装载人数： 飞行员和领航员

外形尺寸： 翼展　　　　24.99米（82英尺）

　　　　　　　机长　　　　14.78米（48英尺6英寸）

　　　　　　　机高　　　　3.66米（12英尺）

　　　　　　　机翼面积　　78.97平方米（828平方英尺）

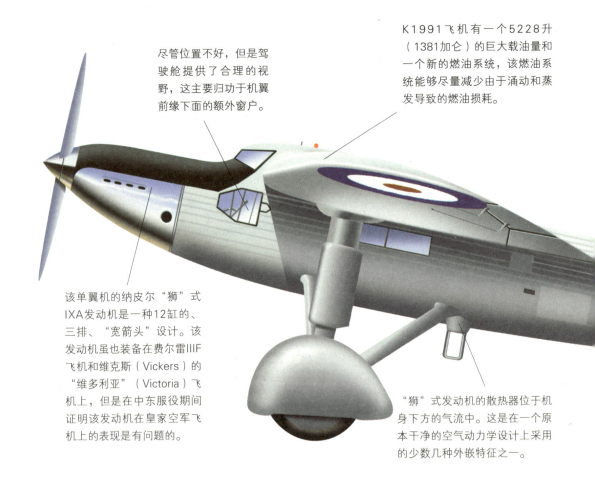

尽管位置不好，但是驾驶舱提供了合理的视野，这主要归功于机翼前缘下面的额外窗户。

K1991飞机有一个5228升（1381加仑）的巨大载油量和一个新的燃油系统，该燃油系统能够尽量减少由于涌动和蒸发导致的燃油损耗。

该单翼机的纳皮尔"狮"式ⅨA发动机是一种12缸的、三排、"宽箭头"设计。该发动机虽也装备在费尔雷ⅢF飞机和维克斯（Vickers）的"维多利亚"（Victoria）飞机上，但是在中东服役期间证明该发动机在皇家空军飞机上的表现是有问题的。

"狮"式发动机的散热器位于机身下方的气流中。这是在一个原本干净的空气动力学设计上采用的少数几种外嵌特征之一。

K1991飞机在费尔雷的试飞员C. S.尼兰德（C. S. Staniland）的驾驶下于1931年6月30日首飞。该机在7月29日交付给英国皇家空军。在尝试飞往开普敦之前，度过了18个月。

纳皮尔的"狮"式发动机驱动了一个固定桨距两叶螺旋桨发动机。

该单翼机选用悬臂式上单翼很大程度上是为了满足燃油系统从油箱中进行重力供油的需要，这些油箱根据需要设置在宽敞的机翼空间中。重力系统把燃油输送到一个集油箱，在那儿再由机械泵提供给发动机。万一该泵发生故障，可以使用由一个延伸到气流中的小螺旋桨驱动的应急泵来代替工作。

两架单翼机都涂装了这种带有当时标准皇家空军标志的银色涂装，其中包括机翼上的圆形徽章、尾徽和序列号。

木制翼梁被用在单翼机的悬臂式机翼上；扭转刚度由费尔雷公司专为该机开发的一个钢制金字塔支撑系统来保证。

英国飞机创造的远程飞行纪录

首飞于1931年6月的第二架飞机很相似于最初的上单翼飞机。它有一个更流线型的起落架，而且无论如何，还装备了一个控制飞机滚转和航向的自动驾驶仪。此外该机还装备了四个罗盘、三个高度表、两个空速指示仪以及其他的仪表，以帮助机组成员在黑夜或能见度低的条件下维持原定的飞行计划。

在1931年10月进行了一次到埃及的

▼ J9479是第一架单翼机，在1929年4月下旬该机成功地飞到了卡拉奇（Karachi）〔虽然班加罗尔（Bangalore）是预定的目的地〕。在7月份飞往开普敦（Cape Town）的途中，该机在突尼斯发生致命坠毁。

试飞之后，当该机返回英格兰时，因着陆受损。满月和冬天的季风能给该机提供到达南非的最好机会，因恶劣天气导致几次推迟之后，该机在1933年2月6日早上终于从克伦威尔起飞。

在非洲中部上空虽然自动驾驶仪发生故障，但是中队长盖福德（Gayford）和飞行中尉尼科利茨（Nicholetts）继续飞。在经过57小时25分钟飞行之后，飞机降落在沃尔维斯湾（Walvis Bay），这儿离英格兰8577千米（5330英里）。

该纪录只保持了6个月，不久，布莱里奥特（Bleriot）就把该纪录提高到9084千米（5645英里）。安装一台新发动机以使费尔雷飞机具有更大航程的计划因面临许多困难和成本限制而流产。

远程飞行

四次主要飞行：在一个为期三年的时间里，两架费尔雷单翼机进行了多次远距离飞行。其中最引人注意的是由K1991飞机在1933年2月进行的一次飞行。

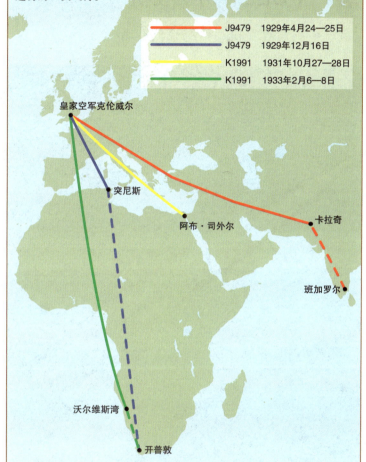

J9479	1929年4月24—25日
J9479	1929年12月16日
K1991	1931年10月27—28日
K1991	1933年2月6—8日

1933年到开普敦的飞行：自从1931年7月，世界不着陆飞行距离纪录由一个美国机组创造以来，该机机组驾驶一架"贝兰卡"（Bellanca）飞机从纽约到伊斯坦布尔（Istanbul）飞行了8066千米（5000英里）。中队长盖福德和飞行中尉尼科利茨要打破这一纪录至少需要飞到非洲西南的泽斯分特恩（Zesfontain）。盖福德和飞行中尉尼科利茨在驾驶K1991飞机于2月6日离开皇家空军的克伦威尔，在飞行了8597千米（5330英里）之后，于2月8日降落在沃尔维斯湾。凯旋的机组成员立马飞到开普敦，然后完成了14805千米（9180英里）的非洲之旅，才返回到范堡罗，并在5月2日进行了一次公务接待。

费尔雷公司（FAIREY）

"德尔塔"（DELTA）2飞机

● 高速研究机　● 三角翼飞机　● 纪录创造者

　　费尔雷的"德尔塔"2飞机是在战后迅速发展的航空事业中出现过的、很多打破纪录的飞机中的一架飞机。该机是英国第一架超声速三角翼飞机，第一架装备了一个为改善低速飞行时的视野可以抛投机头的飞机，该功能后来被"协和"式飞机采用。两架"德尔塔"2飞机从1954年开始执行一项飞行研究计划，为未来的军用和民用飞机提供了大量的数据。

费尔雷 "德尔塔" 2飞机

▶ "德尔塔" 2飞机是一架超越时代的飞机。它的飞行速度几乎相当于当时战斗机飞行速度的两倍,并用它的三角翼和超声速速度展示了下一个十年用于设计的途径。

▲ **持久纪录**
英国的费尔雷"德尔塔"2飞机大大超越了以前的飞行速度世界纪录,把原纪录增加了499千米/小时(310英里/小时)。这是曾经有记载的常规飞机飞行速度上的最大跳跃。

◀ **超声速飞行**
与早期的超声速纪录打破者飞机不一样,"德尔塔"飞机和BAC.221飞机的飞行速度当超出马赫数1时,出现了飞机无法控制的问题。

▲ 事故

一台发动机失效引起了这次事故，但是这架"德尔塔"2飞机经过修理后，很快又再次投入飞行。飞行员彼得·特维斯（Peter Twiss）没有受伤。

◀ 机头高度高

与大多数三角翼飞机一样，"德尔塔"2飞机在低速时的操纵性并不完美。在着陆时，该机有一个特别高的机头高度。

▼ 真正的三角翼

高空速的诱惑把设计师吸引到了三角翼形状上。

"德尔塔" 2飞机档案

- ◆ "德尔塔" 2 飞机是第一架在低空实现超声速飞行的飞机，其在928米的高度能以马赫数1.04飞行（1250千米/小时）。
- ◆ 1955年10月28日，"德尔塔" 2飞机首次进行了超声速飞行。
- ◆ 第二架 "德尔塔" 飞机在1956年2月15日进行了首次飞行。

- ◆ 由于费尔雷的 "塘鹅" 飞机（海军的一种反潜机）享有优先权，因此 "德尔塔" 2飞机的生产被推迟。
- ◆ 首架 "德尔塔" 2飞机被重建为装有一个 "协和" 式机翼构型的BAC221飞机。
- ◆ "协和" 飞机的机翼设计很大部分要归功于 "德尔塔" 2飞机。

超越声障

■ **贝尔公司的X-1飞机**：由一架B-29轰炸机投放，由查克·耶格尔在1947年10月14日驾机实现首飞，该火箭发动机飞机是第一架超过声速的飞机。

■ **道格拉斯的 "天空火箭" 飞机**：在X-1飞行一年后，使用喷气和火箭组合动力的 "天空火箭" 飞机成为第一种常规起飞的、突破声障的飞机。

■ **米高扬－古列维奇（MIKOYAN-GUREVICH）的米格-19飞机**：世界上第一种生产型超声速战斗机，原型机米格-19首飞于1952年年底，在1953年年初在平飞状态下超过了马赫数1。

■ **诺德（NORD）的 "吉尔发特"（GERFAUT）飞机**：这是法国的第一架超声速飞机，并且是第一架在平飞状态下不用助推以纯喷气动力超过马赫数1的飞机，其在1954年8月3日实现了这一壮举。

■ **英国电气公司的P.1飞机**：英国的第一架超声速飞机，在首飞时就突破了声障，就在 "吉尔法特" 飞机首飞一天之后。该机最终被发展成了极成功的 "雷电" 飞机。

"德尔塔" 2飞机

机型：单座超声速研究机

动力装置：一台44.48千牛（10000磅）推力罗尔斯–罗伊斯RA.28埃冯200涡轮喷气发动机

最大飞行速度：在11580米（38000英尺）高度超过2092千米/小时（1300英里/小时）

航程：1335千米（829英里）

实用升限：14640米（48000英尺）

重量：空重4990千克（11000磅）；装载重量6298千克（13884磅）

外形尺寸：翼展   8.18米（26英尺10英寸）

          机长   15.74米（51英尺7英寸）

          机高   3.35米（11英尺）

          机翼面积   33.44平方米（360平方英尺）

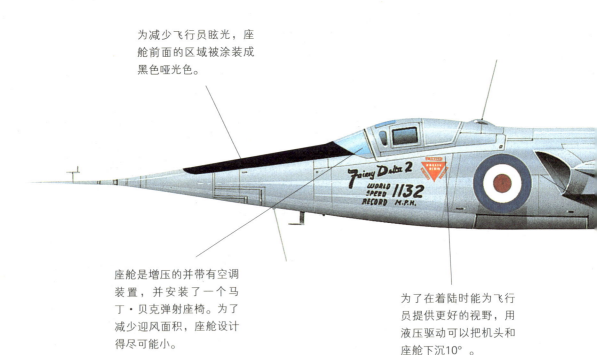

为减少飞行员眩光，座舱前面的区域被涂装成黑色哑光色。

座舱是增压的并带有空调装置，并安装了一个马丁·贝克弹射座椅。为了减少迎风面积，座舱设计得尽可能小。

为了在着陆时能为飞行员提供更好的视野，用液压驱动可以把机头和座舱下沉10°。

"德尔塔" 2飞机

WG774，两架"德尔塔"2飞机中的头一架飞机，在1956年3月10日由中尉指挥官彼得·特维斯驾驶打破了世界空速纪录。在这个场合，"德尔塔"2飞机在11580米（38000英尺）的飞行高度达到了1822千米/小时（1132英里/小时）的飞行速度。

罗尔斯−罗伊斯埃冯（AVON）涡轮喷气发动机也用在了"雷电"（Lightning）战斗机上，不带加力的该型发动机用作"卡拉维拉"（Caravelle）客机和"堪培拉"（Canberra）轰炸机的动力装置。

安装在机翼上表面的小栅栏用于在跨声速飞行期间控制展向气流。所有飞行控制都是液压的，并且无须手动复位。

三角翼在那个时候曾经被视为可能是最低的厚弦比。油箱被装载在机翼内部。

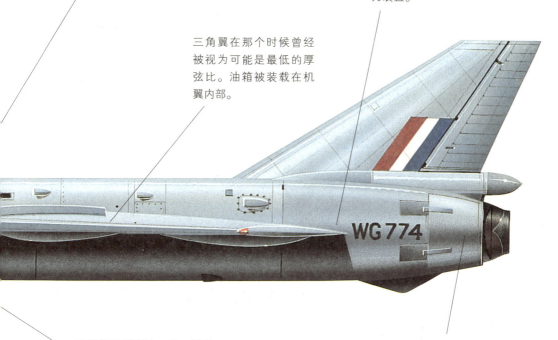

虽然为了超声速飞行，翼装进气道被设计成小尺寸，但是实践证明该进气道在比预定速度更高的速度飞行时也能维持飞机飞行。

排气管是一个可变"双眼皮"（eyelid）型。发动机在机身里面的配合很紧密，在它与飞机蒙皮之间几乎没有任何间隙。

英国的最后一个破纪录飞机

该机从未能成为一架远程拦截机，虽然在该机试飞后曾经有过这种想法，但是"德尔塔"2飞机在实现其设计初衷上是很成功的——在突破"声障"时研究操纵和其他遇到的问题。"德尔塔"2飞机还给世界提供了先进的功能，其中包括其著名的铰接式机头、无尾布局、超薄机翼和全动力飞行控制。

这架精致的研究机几乎失事。在1954年的第14次飞行中，飞行员彼得·特维斯遇到了一个发动机和液压故障，其以426千米/小时（265英里/小时）的速度仅用前轮支撑进行了一次巧妙的停车着陆。

其他的飞行都是成功的，并为后来超声速飞机的产生铺平了道路。1956年3月10日，"德尔塔"2飞机为英国挣得了飞行速度世界纪录的荣誉，成为第一架以常规起飞方式起飞、飞行速度能超过1610千米/小时（1000英里/小时）的飞机，并可以以马赫数1.731（1822千米/小时）进行飞行。

▲ "德尔塔"2飞机是由费尔雷公司建造的最后一种固定翼机型。同时也是最后一架取得世界绝对空速纪录的英国飞机。

▼ 重建的"德尔塔"2飞机采用了一个新式的先进三角翼形式和一个"下沉"的机头，当英法"协和"式飞机在10年后首飞时，这两项设计又重新出现在"协和"飞机上。

作战数据

最大飞行速度

费尔雷的"德尔塔"2飞机轻松地超过了最初的X-1飞机的最大飞行速度，尽管这种美国火箭飞机的后来机型的速度是较快的。达索的"幻影"飞机首飞于20世纪50年代后期，是首批能超过马赫数2的生产型战斗机之一。

贝尔公司的X-1飞机　　　　　　　　1556千米/小时（967英里/小时）

费尔雷公司的"德尔塔"2飞机　　　　2092千米/小时（1300英里/小时）

达索公司的"幻影"III飞机　　　　　2350千米/小时（1460英里/小时）

实用升限

X-1飞机能使用它的火箭动力创造飞行高度纪录——但是它有一个飞行起点高度，因为该机在大约10000米（33000英尺）高度是由一架经过改装的波音B-29轰炸机在空中从炸弹舱发射的。费尔雷飞机的三角翼为其提供了至少与当时战斗机一样好的高空性能，"幻影"III飞机使用了

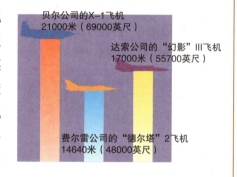

贝尔公司的X-1飞机
21000米（69000英尺）

达索公司的"幻影"III飞机
17000米（55700英尺）

费尔雷公司的"德尔塔"2飞机
14640米（48000英尺）

一个相似的机翼，这使该机成为当时飞行高度最高的战机之一。

航程

X-1飞机只装载了大约够150秒推力使用的燃料，因此该机永远不可能会成为一架实用型远程飞机。按照以前喷气式飞机的标准，"德尔塔"2飞机有一个相对合理的航程，并且许多人认为，它成了一个相当不错的战斗机（将可能具有像"幻影"飞机一样的性能）基础。

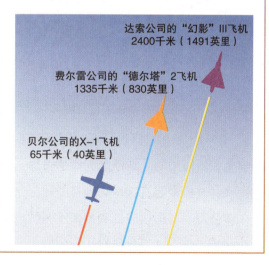

达索公司的"幻影"III飞机
2400千米（1491英里）

费尔雷公司的"德尔塔"2飞机
1335千米（830英里）

贝尔公司的X-1飞机
65千米（40英里）

费尔雷公司（FAIREY）

"旋飞"（ROTODYNE）飞机

● 直升机/固定翼"复合"飞机 ● 直升机班机和货物升降机

　　这一直是一个梦想——一架客机能够从大城市中间一跃而起，跨越很远的距离，并把乘客直接运送到目的地。费尔雷公司、英国供应部和英国欧洲航空公司为了追求这一目标在1948年组成了三方合作伙伴关系。这架雄心勃勃的"旋飞"复合直升机，或者称为可以垂直升降的飞机，如果不是被其制造商的董事会政策阻止其投入生产，该机将已经取得了成功。

费尔雷 "旋飞"飞机

◀没有一架飞机的建造像"旋飞"飞机这样的前无古人、后无来者。基本上是一架带有旋翼和固定翼的客机，这是一个技术上的成功，该机避免了在今天的倾转旋翼设计上出现的很多问题。

▶ **伤员后送**

在1960年的一次"白天鹅"模拟演习中证明，"旋风"飞机在飞行救护方面极有效率。

▼ **货运装载机**

该"旋飞"飞机可以携带的负载远远超出了20世纪50年代后期大多数直升机的装载能力。

◀ **重型升降机**

凭借其动力旋翼，即使在其下面吊挂一个桁架，"旋风"飞机也能悬停。

▼ **鲜明的外形**

像苏联米里设计局庞大的米-6直升机一样，"旋风"飞机配备了机翼和旋翼，以及再没有其他飞机采用的双涡轮螺旋桨发动机。

▶ **建造一个"怪兽"（beast）**

由于"旋风"飞机具有巨大的尺寸，要求费尔雷公司要采用一些不寻常的建造技术。尽管这种独特的飞机只曾经完成了一个样机，但是该机却取得了成功。

154

"旋飞"飞机档案

◆ 旋翼式螺旋桨飞机（Gyrodyne）试飞了用在"旋风"飞机上的概念，并在1948年6月取得了一项200千米/小时（124英里/小时）的飞行速度纪录。

◆ 1958年4月，"旋风"飞机首次进行了过渡到平飞状态的飞行。

◆ 生产型"旋风"飞机计划使用罗尔斯-罗伊斯"泰恩"（Tyne）发动机。

◆ 1959年1月5日，"旋风"飞机以307.2千米/小时（190英里/小时）的飞行速度在可以垂直升降飞机的领域取得了一项飞行速度纪录。

◆ 奥卡那干直升机公司（Okanagan Helicopters）和日本航空公司都对"旋风"飞机感兴趣。

◆ 英国和美国军方研究了一种可能的军用"旋飞"飞机。

垂直起飞负载升降机

■ **直升机：**（米-6）唯一实用的可以垂直起飞起重机就是特大号的常规直升机，例如巨大的米-6和米-26直升机。

■ **复合直升机：**（费尔雷的"旋风"飞机）把一个旋翼与固定翼以及发动机组合在一起用于前飞增加了飞行效率。

■ **可以垂直升降的飞机：**（柯蒂斯-莱特的X-19飞机）这些飞机通过把机翼和发动机倾转90°实现升力和前飞的转换。

■ **倾转涵道风扇：**（贝尔的X-22A飞机）这是可以垂直升降飞机的一个特殊改型，其使用了带有整流罩的螺旋桨。

■ **升力和推力发动机飞机：**（多尼尔的Do 31飞机）使用单独的升力和推力发动机是最简单的解决方案，但是这种方法笨重而且增加了复杂性。

"旋风" Y原型机

机型： 试验型复合直升机

动力装置： 两台2088千瓦（2800马力）的纳皮尔伊兰NE1.7涡轮螺旋桨发动机

巡航速度： 298千米/小时（185英里/小时）

实用升限： 4000米（1219英尺），估计值

航程： 725千米（450英里）

重量： 空重（估计值）10000千克（22000磅）；装载重量15000千克（33000磅）

装载量： 生产型"旋风"Z飞机有2名飞行员、2名空姐以及50～70名乘客

外形尺寸： 翼展   14.17米（46英尺4英寸）

            旋翼直径   27.43米（90英尺）

            机长   17.88米（58英尺7英寸）

            机高   6.76米（22英尺1英寸）

            旋翼桨盘面积 591.00平方米（6359英尺）

驾驶舱虽然只配备了相当有限的设备，但是为飞行员提供了一个绝佳的视野。与在常规直升机上一样，飞行员操纵系统包括一个驾驶杆和一个总距油门操纵手柄。

纳皮尔的伊兰发动机驱动了巨大的4米长的"陆道尔"（Rotol）螺旋桨。生产型"旋风"飞机计划使用动力更大的、更可靠的罗尔斯－罗伊斯"泰恩"（Tyne）发动机。一个独立的压缩机产生高压空气来驱动旋翼尖的喷嘴。

由于"旋飞"飞机极大的机重，因此需要安装双前轮。

由于可能的共振问题，在原型机上选用了固定式主起落架。

"旋风"飞机

　　XE521是唯一的一架曾经建造的费尔雷"旋风"飞机。其飞行于1957—1960年之间，该机虽然证明了可以垂直升降飞机的潜力，但是要把该机投入生产，成本太高了。

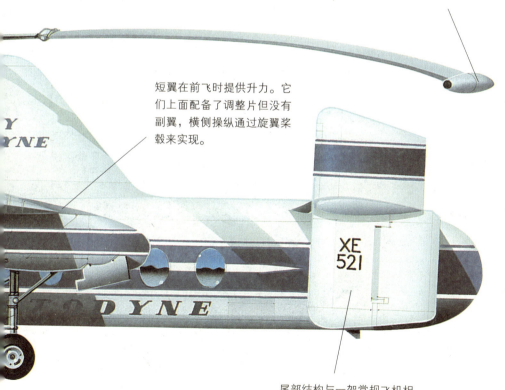

旋翼桨叶尖部的喷嘴被称为费尔雷高压燃烧室（Fairey High Pressure Combustion Chambers）。

短翼在前飞时提供升力。它们上面配备了调整片但没有副翼，横侧操纵通过旋翼桨毂来实现。

尾部结构与一架常规飞机相似，带有垂尾、补偿升降舵、方向舵和水平尾翼。

最后的直升机

费尔雷的"旋飞"飞机是一次大胆的建造尝试，并卖出去了一架实用的垂直起降飞机。当该机在1957年11月6日实现首飞时，这架"旋飞"飞机是惊人的——这是在航空领域的一种新概念，其不仅能像一架直升机一样实现起飞和着陆，而且几乎能以与一架常规飞机同样的性能进行飞行。

"旋风"飞机巨大的、用于垂直飞行的四桨叶旋翼是由翼尖喷气驱动的，这是从两台伊兰涡轮发动机获得的压缩空气。当飞机平飞时这两台发动机也用于驱动螺旋桨。

"旋风"飞机在改变城市到城市的旅行方式上有潜力。卡曼（Kaman）想在美国制造它；纽约航空公司承诺将购买5架飞

▲ 由于"旋飞"飞机被取消，导致一个巨大的机会被错过了。重型直升机的潜力由后来波音公司的"支努克"（Chinook）直升机的成功得到证明。

机——后来变卦了。当费尔雷与韦斯特兰（Westland）在1960年合并时，众多公司迅速发生了改变，一度被看好的"旋风"飞机突然被视为不再值得投资了。

虽然该机飞行得很好，并且其技术问题可以得到解决，但是由于无法说服韦斯特兰的成本会计师，因此该项目于1962年2月被取消。

因为主旋翼位于重心的上方，因此与普通直升机不一样，其主机舱可以全部用来装填货物。

原型机"旋风"飞机能搭载2名机组成员和40名乘客，但是生产型飞机用一类构型能就乘坐多达70名乘客。

最大飞行速度

虽然"旋风"飞机比20世纪50年代后期任何一种直升机都快，但是它的旋翼比常规的机翼效率低。X–18的机翼和发动机正常飞行时向前倾转，而多尼尔的Do 31的动力装置是两台罗尔斯–罗伊斯"飞马"（Pegasus）涡轮喷气发动机，每台提供7吨的推力。

"旋风"飞机　　307千米/小时（190英里/小时）

X–18飞机　　400千米/小时（250英里/小时）

Do 31飞机　　640千米/小时（397英里/小时）

航程

"旋风"飞机的航程使其很适合于通勤航空业务使用，尤其适合于飞出城市中心的直升机机场使用。在两个试验性飞机计划被取消前，它们还没有解决航程的问题。

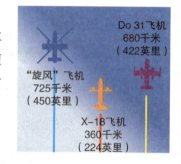

Do 31飞机
680千米
（422英里）

"旋风"飞机
725千米
（450英里）

X–18飞机
360千米
（224英里）

有效负载

生产型"旋风"飞机将有一架中型客机的承载能力，并且其后部装货舱门为该机提供了显著的货物处理能力。多尼尔飞机虽然能够装载一个相似的有效载荷而且更快，但是由于其使用了8台升力发动机和2台推力发动机，因此其成本更大，而且引起问题的部件更多。

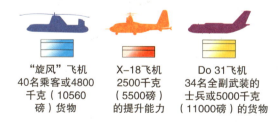

"旋风"飞机
40名乘客或4800
千克（10560
磅）货物

X–18飞机
2500千克
（5500磅）
的提升能力

Do 31飞机
34名全副武装的
士兵或5000千克
（11000磅）的货物

英国格洛斯特（GLOSTER）飞机公司

"流星"（Meteor）飞机

● 英国皇家空军的第一种喷气式战斗机　● 飞快的轰炸截击机　● 唯一一
个中队

　　在英国的第一种喷气式飞机
E.28/39证明了喷气式动力的可行性之
前，格洛斯特公司就制订了新型喷气式
战斗机的计划。而在英国空军据这一计
划草拟了技术规范之后，格洛斯特公司
便制造出几架原型机，到1944年中期，

新造的喷气式飞机已经装备了第一支英
国皇家空军喷气式战斗机部队，即第
616中队。其目的是希望这种新型的喷
气机能够与德国的Me 262喷气式战斗机
相抗衡。

格洛斯特公司 "流星"飞机

▲ **三种不同的发动机**
在F.9/40飞机曾安装的三种发动机中，罗孚W.2B和哈尔福德H.1发动机都是离心流式设计，而大都会–维克斯F.2发动机则采用轴流式压缩机。有一架安装大都会–维克斯发动机的飞机进行了飞行，但很快就坠毁了。

▶ "流星"飞机于1944年进入服役，击落了高速的V1飞弹。在临近战争结束时，V1飞弹曾一度困扰着不列颠群岛。

▶ **视界清晰的座舱**
与F.9/40飞机不同，"流星"飞机具有一个视界清晰的座舱，以便使飞行员能够看到其飞机的后部。

▲ 短暂的服役生涯

这架"流星"F.Mk 1飞机于1944年7月配属第616中队，但一个月后就因紧急迫降而毁掉。

◀ "流星"F.Mk 1飞机的彩照

战时"流星"飞机的同期彩色图片稀少。这张照片摄于1944年6月，"流星"飞机当时从苍堡罗转场曼斯顿。

▼ 第616中队换装

当宣布英国皇家空军的第616中队将成为皇家空军的第一支喷气机中队时，该中队的装备是"喷火"Mk VII型飞机。从这张照片中，可以看到位于曼斯顿皇家空军基地内的Mk 1和Mk 3"流星"飞机。

"流星" F.Mk 1型档案

◆ 为"流星"飞机所建议的其他名称还包括"飞行能手"、"死神"、"灾难"、"恐怖"、"雷电"和"鬼火"等。

◆ F.Mk 1飞机曾参与了一些试验,以便为美国陆军航空队机组人员提供喷气式战斗机的战术经验。

◆ 当"流星"飞机首次在欧洲部署时,曾被禁止在德国上空飞行。

◆ DG02/G是F.9/40飞机的原型机,后来被装载在英国皇家海军"普雷托里亚·卡斯特勒"号航母上进行甲板操控试验。

◆ 哈尔福德H.1发动机是为"吸血鬼"喷气式战斗机所使用的"妖精"发动机而研制的。

◆ 首架F.9/40飞机,即DG202飞机目前陈列在英国的科斯福德皇家空军博物馆内。

早期"流星"飞机衍生型号

■ **"流星"F.Mk 3**:为了赶在欧洲战争结束前最后数周内服役,第616中队的"流星"F.Mk 3飞机在刺骨的寒冬中都采用了这种全白色的配色方案。

■ **"遄达流星"**:第8架"流星"F.Mk 1飞机,即EE227安装了两台劳斯莱斯"遄达"发动机,并完成了80小时的试验。这种发动机是世界上的第一种涡轮螺旋桨发动机。

■ **"照相机机鼻"Mk 3**:在制订战后"流星"Mk 4照相侦察型飞机计划时,格洛斯特公司为EE338号Mk 3飞机安装了一个装在机鼻处的照相机。这一计划后来被取消。

■ **"带钩的"F.Mk 3**:EE337和EE387号飞机一同安装了一个停机钩,以便在英国皇家海军"怨仇"号航空母舰上进行甲板降落试验。总共进行了32次非常成功的降落。

F.9/40飞机

　　DG205/G是第四架F.9/40原型机，也是第二架于1943年6月12日飞行的原型机。该机是采用W.2发动机进行飞行的首架飞机，但它只有短暂的生涯，于1944年4月被击毁。

与许多紧随其后的"流星"衍生型飞机一样，F.9/40飞机是一种全金属的承力表层式设计。其机身分三个部分制造：带有座舱和武器的前方机身；带有油箱、主要落架、发动机和减速板的中间部分；后方机身和下层稳定翼。

"流星"F.Mk 3飞机所做的主要改进包括：采用了滑移式的座舱舱盖，增加了燃油携带量，使用新型"德温特"I发动机，使用开槽的减速板并加固了机身。

F.9/40原型机上没有航炮，而F.Mk 3上安装了4门"依斯帕诺"20毫米（0.79英寸）航炮。这些航炮在早期生产的飞机上都有产生干扰的倾向。

DG205/G飞机安装了W.2发动机，W.2发动机是弗兰克·怀特公司最初为E.28/39喷气机设计的。经过改进后在8架F.9/40原型机中，有5架采用的是这种发动机，另外2架采用的是哈尔福德H.1发动机，第8架采用的是大都会–维克斯F.2发动机。

"流星" F.Mk 1型飞机

类型： 单座白天战斗机

发动机： 2台7.56千牛（17000磅）推力的劳斯莱斯W.2B/23C "维兰" 系列涡轮喷气发动机

最大航速： 在3048米（10000英尺）高度时为675千米/小时（419英里/小时）

实用升限： 12192米（40000英尺）

重量： 空机重3737千克（8221磅）；满载后重6258千克（13768磅）

武器： 在机鼻处安装有4门 "侬斯帕诺" 20毫米（0.79英寸）航炮

外形尺寸： 翼展　　　　13.10米（42英尺11英寸）

机长　　　　12.50米（41英尺）

机高　　　　3.90米（12英尺9英寸）

机翼面积　　34.70平方米（373平方英尺）

为了修正F.90/40飞机所呈现的方向稳定性问题，飞机安装了一个增大了的曾在DG208/G原型机上进行过测试飞行的稳定翼和方向舵，并与平边的方向舵和尾翼与横尾翼的交叉处的 "橡子" 式的整流装置一同发挥作用。

F.9/40飞机的上部表面采用的是战斗机司令部的白天战斗机标准伪装色，并在下侧喷涂原型机的黄色标志色以帮助识别。黄色圆圈内的 "P" 标志表明它是一架原型机。

在飞机的序列号后面增加一个 "G" 后缀，就表明该机在地面上的所有时间内都将有一名武装守卫。这是在喷气动力飞机出现时，它们保密特性的一种反映。

英国皇家空军战争中的喷气机先锋

由于首批喷气式发动机只能产生很小的推力，格洛斯特公司被迫再设计一种双引擎的飞机。由于"流星"飞机能够相对容易地配装各种不同的发动机类型，因此决定在F.9/40原型机上试验三种不同的发动机，总共制造了8架原型机。

由于罗孚W.2B发动机（该发动机以E.28/39飞机使用的弗兰克·怀特公司的发动机为基础研制）的延迟，导致原型机DG206/G采用两台哈尔德福H.1型发动机驱动，该机于1943年3月5日首飞。随着其他原型机的相继起飞，试验证明飞机缺乏方向稳定性的问题。这些早期的问题都通过对机尾的修改而得到了更正。

1944年1月22日，"流星"F.Mk 1飞机进行了首飞。该机实际上是一架

采用劳斯莱斯W.2B/23C"维兰"发动机（劳斯莱斯公司已经从罗孚公司接管了W.2B发动机的研制工作）的F.9/40飞机，它还在机鼻处安装了4门20毫米（0.79英寸）航炮。

12架F.Mk 1飞机于1944年7月交付第616中队，在随后的8月份，英国皇家空军中尉迪安取得了皇家空军的首次喷气机射杀战果，当时他驾驶F.Mk 1飞机击落了一枚V-1飞弹。

在1944年12月，第616中队重新装备了改进的F.Mk 3飞机，该中队于1945年转移至荷兰，以便对德国侦察飞行，但从未与梅塞施米特Me 262喷气式飞机相遇。

▲ 照片中所见的是一架正准备降落的"流星"F.Mk 3飞机。F.Mk 3飞机受益于其改进的劳斯莱斯"德温特"发动机。

◀ EE214/G是第5架F.Mk 1飞机，它被用来测试一个腹部的油箱。该机于1949年被废弃。

作 战 数 据

最大航速

　　采用"德温特"发动机的"流星"F.Mk 3飞机，能够超过英国皇家空军速度最快的采用活塞发动机的战斗机，即霍克"暴风"Mk V和耐热的Mk VI战斗机的最高速度。纳粹德国空军的梅塞施密特Me 262飞机的速度比这两种飞机都要快，但遭遇了严重的发动机稳定性问题。

"流星"F.Mk 3　　　　　793千米/小时（492英里/小时）

"暴风"Mk V　　　　　685千米/小时（425英里/小时）

Me 262A–1a"燕子"　　　　　869千米/小时（539英里/小时）

作战航程

　　"流星"飞机在航程方面超出Me 262飞机。它能够飞得几乎与"暴风"Mk V飞机同样远，差不多是德国喷气机航程的3倍。后期的"流星"飞机携带腹部的油箱可以具有更远的航程。

"暴风"Mk V
2462千米
（1526英里）

"流星"F.Mk 3
2156千米
（1337英里）

Me 262A–1a"燕子"
844千米
（523英里）

最大起飞重量

　　尽管格洛斯特"流星"飞机的最大起飞重量比霍克"暴风"战斗机的要重，却比梅塞施密特Me 262飞机要轻。与其他两种类型的飞机不同，"流星"飞机对其枪炮武器也有限制，而且未携带空对地攻击武器。而纳粹德国空军却被迫将其Me 262飞机用以担负对地攻击任务。

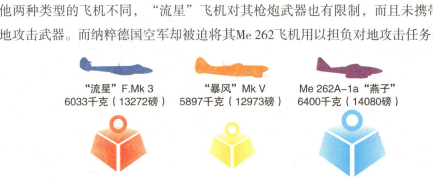

"流星"F.Mk 3
6033千克（13272磅）

"暴风"Mk V
5897千克（12973磅）

Me 262A–1a"燕子"
6400千克（14080磅）

格罗斯特公司（**GLOSTER**）

"流星"（METEOR）Mk 8（PRONE PILOT）飞机

- "流星"战斗机　● 加长的机头　● 试验性喷气机

作为20世纪50年代中期英国皇家空军研究计划的一部分，最后的格罗斯特"流星"F.Mk8飞机配备了一个安装有第二个驾驶舱的细长机头。无论如何，这不是一种常规的驾驶舱。相反，该驾驶舱需要飞行员采取一个正面向下俯卧位。该驾驶舱的目的是为了评估飞行员在这样一个驾驶舱中驾驶飞机的能力，该方法计划用在布里斯托尔185型以火箭发动机为动力的拦截机上。

格罗斯特 "流星" Mk8飞机

◀ 随着喷气式战斗机速度的增加，人们在积极寻找提高飞行员耐受高过载力的方式。其中研究的一种方法就是让飞行员躺下来驾驶飞机。

▼ **躺下**
俯卧位飞行员配备了一个沙发以及全套飞机控制。这些控制装置都采用的是液压助力以便飞行员只需要做出最小的动作就可以操纵飞机。

▼ **一些改变**
除了机头以及必须安装的一个较大的方向舵（这是为了补偿由于机头更改引起的稳定性损失）外，"流星"战斗机的改动很少。

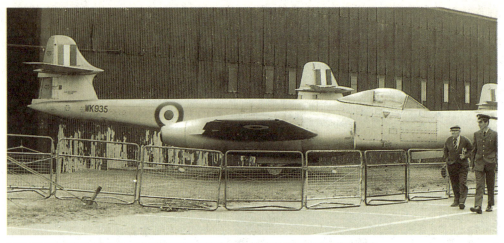

▲ 长度扩展
机头更改极大地增加了"流星"飞机的总长度。

◄ 两个座舱
飞行员采取俯卧位的"流星"飞机采用了双座舱。其中一个是常规战斗机型座舱，而前面的座舱是特别为该机建造的。

▼ 飞行员的报告
飞行员发现，尽管机头加长了，但是更改后的飞机与"流星"的战斗机机型有相似的操纵品质。

"流星" Mk8飞机档案

◆ 阿姆斯壮·惠特沃思（Armstrong Whitworth）承担了用于俯卧位飞行员计划的格罗斯特"流星"F.Mk8飞机（WK935）的改装工作。

◆ 一个更大的"流星"Mk 12的方向舵被安装到该飞机上。

◆ 出于安全考虑，后座舱中总是坐有第二驾驶员。

◆ 1954年2月10日，"流星"飞机在沃里克郡（Warwickshire）的巴金顿（Baginton）进行了首飞。

◆ 俯卧位的飞行员抱怨说，在飞行期间，他们觉得身上有点冷而且浑身麻木。

◆ 1977年2月，该机被捐赠给了科斯福德（Cosford）航空航天博物馆。

格罗斯特的试飞时代

■ **"流星"T.Mk 7飞机**：作为一架验证机，这架被称为"收割者"（Reaper）的飞机，用来试飞验证多项创新设计，这些创新设计后来被采纳进前线服役飞机上。

■ **"流星"U.Mk 16飞机**：在20世纪90年代末仍然在役，这架皇家空军部的"流星"飞机被用作皇家空军战斗机中队的目标演习机。

■ **"流星"NF.Mk 11飞机**：作为"流星"夜间战斗机的首架真正的原型机，这架NF.11飞机能让英国皇家空军在完全黑暗的环境中去承担拦截任务，这要归功于该机先进的雷达。

"流星" F.Mk 8 飞行员俯卧位飞机

战后的航空制造商研制了一系列的飞机来试验各种概念。其中最不寻常的一个是飞行员俯卧位驾驶飞机，其研究目的是想为战斗机飞行员提供对高过载机动的更大耐受力。

其整体银色的涂装方案，可以很容易地在试飞期间以及进行飞行的各个空军基地把该机与服役的飞机区分开来。

在后座舱中保留了标准的飞行控制装置，唯一的修改是一个开关，以让该机的控制权能移交给前座舱。仅给后座舱飞行员配备了弹射座椅。

前座舱的沙发可以让飞行员躺下来驾驶"流星"飞机。

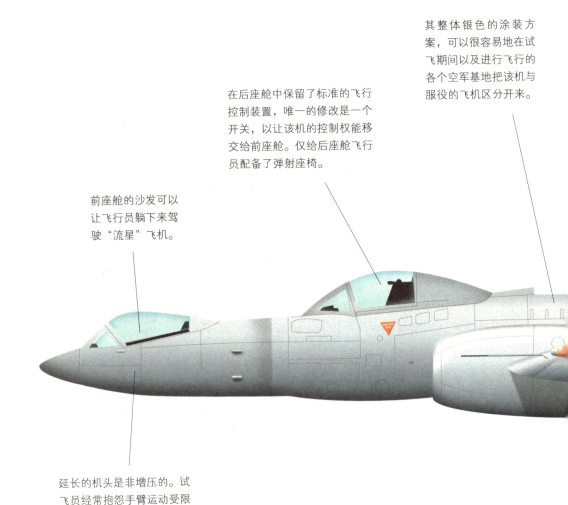

延长的机头是非增压的。试飞员经常抱怨手臂运动受限而且没有座舱加热设备。

"流星" Mk8 飞机

机型：单座昼间战斗机

动力装置：2台15.56千牛（3500磅）推力的罗尔斯-罗伊斯德温特（Derwent）8系列涡轮喷气发动机

最大飞行速度：在3048米（10000英尺）高度为962千米/小时（596英里/小时）

续航时间：最大3小时

初始爬升率：2133米/分钟（7000英尺/分钟）

航程：带最大载油量为1931千米（1200英里）

实用升限：13106米（43000英尺）

重量：空重4846千克（10661磅）；最大起飞重量7121千克（15666磅）

武器装备：4门20毫米西斯巴诺（Hispano）机炮

外形尺寸：翼展　　　　11.3米（37英尺1英寸）

机长　　　　13.5米（44英尺3英寸）

机高　　　　3.9米（12英尺9英寸）

机翼面积　　32.5平方米（350平方英尺）

安装了一架"流星"NF. Mk 12飞机的一个巨大的方向舵以保持飞机的稳定性。

一个尾部缓冲器位于后机身，以防止后机身受损（这在着陆期间是一个特别的问题）。因此在每次试飞之前，必须提醒飞行员注意这一点。

躺卧飞行

虽然莱特兄弟在他们的早期飞机上曾经采用过飞行员俯卧位，但是他们没有以与"流星"飞机同样的速度飞过。为了拦截苏联高空轰炸机的需要，意味着必须去研究新的解决方案，因而，改装"流星"战斗机是其中的一种方案。

俯卧位确实降低了高机动性的影响。由于增加的过载趋向于减少流向大脑的血液，因此如果飞行员躺下，这种效果就会大大降低。随后的研究表明，为了在飞行员的耐受力上提供一个有价值的增加，俯卧位至少倾斜一个65°的角度是必要的。

另一方面，有限程度的手臂运动使做出的控制难以调整。飞行员虽然依靠用可调千斤顶支撑的软垫上，但是只能移动他的前臂，这意味着，操纵很难到位，而且操纵飞机很难有力量。

最严重的缺点当然是，飞行员的视野欠缺。除了前方外无法看到任何其他地方，这对于一架战斗机的任务（能扫视到敌机是其主要的优先级）来说，是绝对不能接受的。

▲ 这架唯一的飞行员俯卧位"流星"飞机现在保存完好，曾被皇家空军卡勒恩（Colerne）基地的工程师用作教学机身。

▼ "流星"（PP）是基于F.Mk8飞机的机身。这一标志在20世纪50年代皇家空军的服役中很普遍。

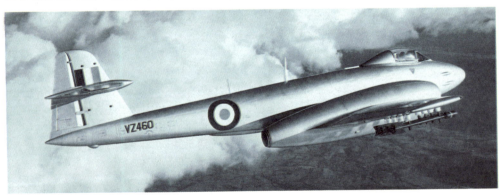

英国试验机： 在早期的战后岁月里，用于快速飞行研究的选项之一是让飞行员采用俯卧位来驾驶飞机。1948年9月，里德&西格里斯特（Reid & Sigrist）提出在一架专门开发的飞机上试验这个理论。首飞于1951年6月

13日，里德&西格里斯特的"长橇"（Bobsleigh）飞机（如上图所示）证明了，使用俯卧位能安全地操纵飞机。这为开发飞行员俯卧位"流星"飞机提供了足够的信息。最终，"长橇"飞机被卖给一家民营电影公司，该公司用它来进行摄影工作。在历经多年失修后，该机后来被恢复到适航状态。

飞翼机： 当诺斯罗普的飞翼机公之于众时，它们打破了所有的常规。不仅需要融合许多技术创新，而且"机翼"需要采用一种非常薄的横截面。要做到这一点，飞行员被安置在飞机前部的俯卧位上。虽然没有取得

预期的成功，但是火箭发动机驱动的MX-324飞机（如上图所示）还是向美国设计师证明了，用这种方式可以驾驶飞机。由于许多原因，再没有其他的制造商在他们自己的战斗机设计中采纳这种方式。一方面是因为在战斗机设计上的整体进展；另一方面是当执行涉及空战和轰炸任务的作战命令时，要费劲地说服飞行员采用这样的位置。

哥达公司（GOTHA）

Go 229 ［霍顿（Horten） Ho IX］飞机

● 飞翼喷气式战斗轰炸机　　● 1945年问世

　　哥达Go 229是德军20世纪30年代末到20世纪40年代最伟大的飞机之一，是设计师雷玛·霍顿（Reimar Horten）与瓦尔特·霍顿（Reimar Horten）十年研究的结晶。霍顿兄弟致力于研究飞翼布局的飞机，并先后设计了数款飞翼机型，1931年推出的Ho I滑翔机就是其中之一。之后推出的Ho IX，即Go 229为喷气式飞机。哥达公司对该机型进行了批量生产，意图将之应用于第二次世界大战中。

哥达公司 Go 229

◀ Ho IX V2是世界上第一架飞翼喷气式飞机。与此同时，美国诺斯罗普公司（Northrop）研发了一款采用火箭发动机的飞翼式飞机，并于1944年完成首飞。

▼ **被盟军俘获**

Ho IX V3几近完成时美军攻占了哥达位于Friedrichsroda的工厂并将之缴获。请注意图中飞机起落架的结构。

◀ **容克斯涡轮喷气发动机**

容克斯发动机产生的废气经由机翼上方排出，金属涂层可保护机翼不受损坏。

▲ **Ho IX V1滑翔机**

　　直至Ho IX VI试飞成功前德国官方都未承认Ho IX的开发项目。试飞成功后，德意志航空部立刻下令对其进行发动机试验。

▶ **经典飞翼式飞机——Ho IIIB**

　　20世纪30年代，霍顿兄弟设计了一系列飞翼式滑翔机，右图中的Ho IIIB就是其中的经典之作。

▼ **Ho IX VI俯视图**

　　从下图的俯视图可以看出，Ho IX VI机翼前缘后掠32°。

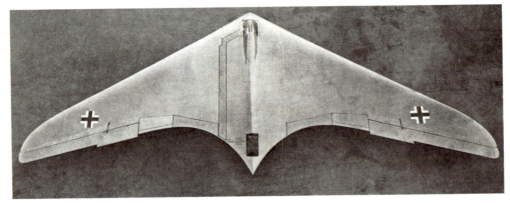

Go 229飞机档案

◆ 霍顿兄弟向军方提交的飞翼式飞机备选机型还包括Ho VIII六发运输机，翼展262英尺。

◆ 研究飞翼式飞机的首要任务是减小飞机的干扰阻力。

◆ 1898年哥达机车车辆厂(Gothaer Waggonfabrik)成立，主要生产铁路机车。

◆ 第二次世界大战期间霍顿兄弟隶属于纳粹德国空军特遣队。

◆ 连续为第一次世界大战、第二次世界大战生产飞机的制造商寥寥无几，哥达便是其中之一。

◆ 第二次世界大战后，雷玛·霍顿为阿根廷设计了一款飞机。

霍顿飞翼式飞机

1 Ho I：霍顿于1931年起着手研制Ho I滑翔机。该机型机翼前缘后掠角度为24°。驾驶员在飞行中呈卧姿。

2 Ho II：1934年，霍顿销毁了不甚满意的Ho I，之后研发了木质结构、布蒙皮的Ho II。此次共生产4架滑翔机，其中1架安装了60千瓦（80马力）的发动机。

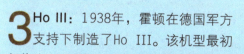

3 Ho III：1938年，霍顿在德国军方支持下制造了Ho III。该机型最初仅作为Ho II的扩大版，共生产了4个改型，

4 Ho V：20世纪30年代末，Ho V问世，是霍顿第一款飞翼式飞机。机身结构采用了黏合塑料，共安装两台发动机驱动。

5 Ho IX：霍顿兄弟结合之前的研究经验设计出了Ho IX。该机型采用钢管与木质混合结构，安装喷气式发动机，最高时速接近800千米/小时（500英里/小时）。

其中最后一种安装了发动机。在滑翔试飞中，螺旋桨桨叶折叠收起。

Go 229 V1 (Ho IX V3)

如果首架Go 229（Ho IX V3）最终能够完工，将在机身绘制纳粹德国标志并涂装标准涂装方案。

Ho IX/Go 229的飞行员座舱为传统的封闭式座舱，安装弹簧弹射座椅。操纵杆可垂直升高以在高速飞行时增加杠杆作用。

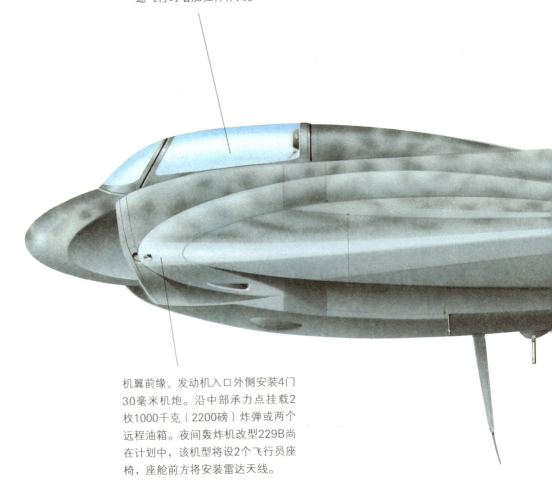

机翼前缘、发动机入口外侧安装4门30毫米机炮。沿中部承力点挂载2枚1000千克（2200磅）炸弹或两个远程油箱。夜间轰炸机改型229B尚在计划中，该机型将设2个飞行员座椅，座舱前方将安装雷达天线。

Go 229A-O

机型：单座喷气式飞翼战斗轰炸机

动力装置：8.73千牛（1965磅）推力容克斯004B-1或-2或-3轴流式涡轮喷气发动机两台

最大速度：正常负载重量下962千米/小时（598英里/小时）；11887米（39000英尺）高空974千米/小时（605英里/小时）

航程：1896千米（1178英里），机内燃油载荷最大，平均飞行速度632千米/小时（392英里/小时）

最大升限：16000米（52500英尺）

重量：空载重量4590千克（10120磅）；标准负载重量7484千克（16500磅）；最大起飞重量8981千克（19800磅）

武器：30毫米MK103或MK108加农炮4门，载弹量1000千克（2200磅）

外形尺寸：翼展　　　16.76米（54英尺11英寸）

　　　　　　机长　　　7.5米（24英尺6英寸）

　　　　　　机高　　　2.7米（9英尺2英寸）

　　　　　　机翼面积　52.49平方米（565平方英尺）

设计师原计划为该机型安装BMW 003涡轮喷气发动机，最终Ho IX V2 安装了2台性能更为可靠的容克斯 004发动机。发动机进气口位于机翼前缘，废气从机翼上表面排出。

Go 229采用三轮起落架设计。主轮向机身内收起时主轮支柱向后收起。着陆时，阻力伞起减速作用，升降副翼与襟翼位于外翼后缘，调整下滑的扰流板襟翼位于机翼下表面，提供侧向与纵向控制。

飞机中部采用传统的熔焊钢管结构，机翼除翼尖部分为金属外其他部分均为木质。每个外翼装载5个燃油箱。据称，机身表面涂层可吸收雷达波。

纳粹德国空军的飞翼式战斗机

时值1943年，尽管有消息称美国诺斯罗普正在开发类似的飞翼式飞机，但德国军方对霍顿飞翼机的热情已日渐消退。之前订购的20架Ho VII双座科研飞机生产两架后便退订，该机型实为Ho IX战斗机的教练机。

然而即使没有官方授权，霍顿兄弟依然坚持自己的研究，设计出了Ho IX VI滑翔机，并测试了飞行特性。1944年年初，德意志航空部注意到了霍顿兄弟的作品，研发工作得到了纳粹德国空军指挥官戈林的支持。随后，霍顿兄弟在Ho IX VI基础上推出了Ho IX VI，其动力装置为两台容克斯涡轮喷气发动机。1944年夏，德意志航空部订购7架原型机、20架预生产机。

1945年1月V2首飞，至3月，其水平飞行速度已可达到798千米/小时

（496英里/小时），但由于发动机问题之后不久便撞机坠毁。同时，哥达着手研制生产Go 299 V3。然而同年5月，美国第三军攻占了哥达位于弗雷德里奇斯洛达（FRIEDRICHSRODA）的工厂，此时Go 299 V3已几近完工。

▲ 没有人知道Ho IV V1下线后是否准备安装发动机试飞。1944年，上图中的飞机作为滑翔机完工并进行了试飞。

▼ 图为霍顿Ho IX V2，Ho IX系列的第二架飞机，并首次安装了发动机，正在柏林附近的奥拉宁堡进行试飞，最高飞行速度可达798千米/小时（496英里/小时）。1944年3月，该机在一次着陆事故中损毁。

作 战 数 据

速度

如果Go 229A-0有机会步入战场，其飞行速度将远超亨克尔He 162和采用火箭发动机的梅塞施密特Me 163"彗星"（Komet）。与哥达公司生产的飞机相比，亨克尔的飞机属于基本型飞机。

Go 229A-0   977千米/小时（598英里/小时）

Me 163B "彗星"   965千米/小时（595英里/小时）

He 162 "火蜥蜴"（Salamander）   890千米/小时（553英里/小时）

航程

为了履行战斗轰炸机的职责，Go 229需要较大的航程支持。哥达Go 229的航程远大于亨克尔"火蜥蜴"及梅塞施密特"彗星"短程拦截机。通常飞翼式飞机的航程均较大。

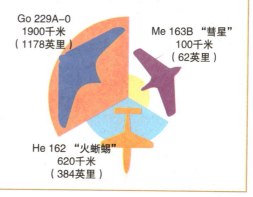

Go 229A-0
1900千米
（1178英里）

Me 163B "彗星"
100千米
（62英里）

He 162 "火蜥蜴"
620千米
（384英里）

X-29飞机

- 前掠翼设计 ● 超机动研究飞机

　　格鲁曼的X-29飞机虽然看起来就像一个奇怪的幽灵,但是该机是一架带有一定用途的X-飞机。德国战争时代的容克Ju 287轰炸机证明了,前掠翼(FSW)能够改善飞机的高速性能。但是前掠翼技术一直被搁置,直到与该概念有关的结构问题能通过先进的复合材料来进行解决,通过使用X-29飞机来试飞这种机翼构型,给人们带来了大量的航空新知识。

▲ 前掠翼的优势是翼根在翼尖之前失速,这可以防止副翼操纵损失,并能防止飞机发生螺旋飞行状态。

格鲁曼公司 X-29飞机

▲ 低空慢速

前掠翼在低空速和大迎角时提供了良好的操纵特性，使得飞机的着陆很简单。起落架来自F-16飞机，但是由于X-29飞机不需要具有在粗糙的战术机场使用的能力，因此，该机采用了小的机轮和窄的轮胎，但是保留了防滑系统和碳刹车装置。

▼ 有趣的飞行

X-29飞机证明了飞行是如此的快乐，以至于试飞员查克·休厄尔（Chuck Sewell）在该机首飞时无法抗拒横滚飞机的诱惑，很明显在之前它这样做过。

◀ **机头边条**

其中一项特征（后来在许多战斗机上普遍采用）就是在皮托管紧后面的小机头边条。这些装置改进了飞机大迎角时的方向稳定性。

▶ **塑料飞机**

X-29飞机并不只是在气动力设计上是革命性的。该机的变弯度机翼还采用了高百分比的碳纤维复合材料。

▼ **自由螺旋**

首架X-29飞机没有装备尾旋改出伞，因为不期望该机进入尾旋。第二架X-29飞机装备了一个这样的尾旋改出伞。

X-29飞机档案

- X-29飞机的机翼，部分是由石墨环氧树脂制成的，前掠超过33°。
- 首架X-29飞机在查克·休厄尔（Chuck Sewell）的驾驶下在1984年12月14日升空。
- 仅仅在其首飞4个月之后，X-29飞机就开始了一项NASA的试飞计划。
- 实践证明，X-29飞机很可靠，到1986年8月，该机可以持续执行3个多小时的研究任务。
- 第二架X-29飞机可以用在大迎角研究计划中。
- 到首架X-29飞机在1989年退役时，该机已经飞了242个架次。

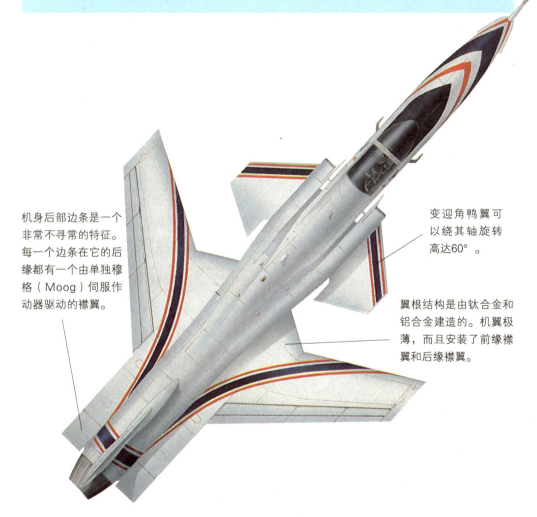

机身后部边条是一个非常不寻常的特征。每一个边条在它的后缘都有一个由单独穆格（Moog）伺服作动器驱动的襟翼。

变迎角鸭翼可以绕其轴旋转高达60°。

翼根结构是由钛合金和铝合金建造的。机翼极薄，而且安装了前缘襟翼和后缘襟翼。

X-29A飞机

　　建造了两架格鲁曼X-29飞机，并从1984年飞到了1991年。这两架飞机现在都保存在加利福尼亚的NASA德莱顿飞行研究中心。

X-29飞机的驾驶舱是出奇的简单，采用了常规的刻度盘和开关。除了大量的无线电遥测装置，唯一先进的系统就是一个利顿（Litton）高度/航向参考系统和马丁-贝克弹射座椅。

前机身的基础是诺斯罗普的F-5A，使用的部件取自前挪威和美国空军的飞机。

发动机进气道是一种简单的长方形设计，其带有分流板和固定坡度进气道。

X-29A飞机

机型： 单座前掠翼高机敏性研究机

动力装置： 一台通用电气的71.17千牛（15965磅）推力的F404-GE-400涡扇发动机

最大飞行速度： 在10000米高度为马赫数1.87或1900千米/小时

航程： 560千米（347英里）

实用升限： 15300米（50000英尺）

重量： 空重：6260千克（13772磅）；最大重量：8074千克（17763磅）

外形尺寸： 翼展　　　　8.29米（27英尺）

　　　　　　机长　　　　16.44米（54英尺）

　　　　　　机高　　　　4.26米（14英尺）

　　　　　　机翼面积　　188.80平方米（2031平方英尺）

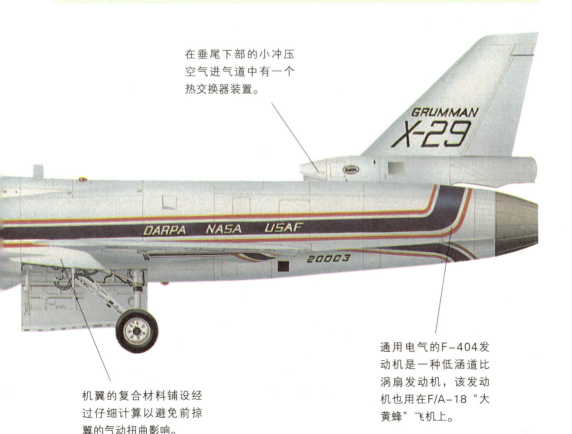

在垂尾下部的小冲压空气进气道中有一个热交换器装置。

机翼的复合材料铺设经过仔细计算以避免前掠翼的气动扭曲影响。

通用电气的F-404发动机是一种低涵道比涡扇发动机，该发动机也用在F/A-18"大黄蜂"飞机上。

前掠翼飞行

从第二次世界大战以来，人们就已经知道了前掠翼的优点，它可以提供更强的灵活性，几乎具有耐尾旋的操纵性、较低的气动阻力、更好的低速飞行速度以及更低的失速速度。

但是早期的努力被气动弹性（在正常飞行载荷下机翼扭曲的趋势）击败了。实用设计不得不停下来，直到可用结构材料的强度能满足理论要求为止。

经过多年在前掠翼设计上的研究，格鲁曼公司1981年赢得了一个建造两架X-29研究机的合同。通过使用来自很多飞机上的部件（F-5飞机的机身和前轮，F/A-18"大黄蜂"飞机的发动机以及F-16飞机的主起落架），该公司降低了制造成本。

其结果是大于各部分的总和。在几年的试验中，X-29飞机展示了高达67°迎角的机动能力，并且证明了前掠翼构型可以导致大量节省燃油。

试飞员发现在X-29飞机上飞行很令人兴奋。凭借其机翼形状和敏捷性，它为爱德华空军基地的标志赋予了口号的含义："探索未知"。今天，虽然X-29飞机已经退役，但是其对航空的贡献将永远被人们所铭记。

▼ 前掠翼虽然还没有用到前线战斗机上，但是鸭翼、边条和放宽静稳定性现在已是司空见惯。

▲ 来自X-29飞机的研究数据已经被NASA大量地使用，作为不断追求更高机敏性的继续。

为了使掠翼设计工作得更好

■ **容克公司（JUNKERS）的"先锋"（PIONEER）飞机**：Ju287飞机是第一架前掠翼飞机，其验证了这种概念的很多优点。但是20世纪40年代的工程师从来没能克服结构上的难题。

■ **超临界层流翼的"十字军战士"（CRUSADER）飞机**：一架沃特（Vought）的F-8"十字军战士"飞机配置了一个"超临界"层流翼，旨在减少气流和机翼表面之间的紊流。

■ **跨声速气流**：一架马赫数为2的F-111轰炸机在机翼上安装了超临界条以研究在声速和超声速阶段的层流和减阻。

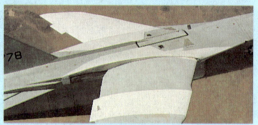

■ **无铰链襟翼**：该任务自适应机翼具有灵活的前缘和后缘，以允许它能对所有速度采用最佳翼型轮廓，以极大地减少气动阻力。

■ **转掠翼（SLEW WING）**：艾姆斯的AD-1飞机有一个刚性翼，起飞时成直角状态，但是在高速飞行时被转掠以提供一个前向翼尖和一个后向翼尖。事实证明，这种转掠翼具有令人惊讶的效果。

NASA在行动

可能世界上没有几个地方不把术语NASA作为太空飞行的代名词。实际上，在执行了阿波罗登月计划和正在进行的航天飞机飞行任务之后，很多人都把NASA作为美国的"航天局"看待。但实际上这一缩写表示的是国家航空航天局（National Aeronautics and Space Administration），而宇宙探索只是该机构短期目标的一个重要部分，也就是说其研究更多与航空有关。实际上，NASA是世界上领先的航空研究机构，自20世纪40年代以来，它已经几乎在军事、民用和商用飞行每一个领域都开辟了

一条道路，设计和试验航空前沿的新概念。现在的航空计划正在由三个主要研究中心执行：艾姆斯中心（Ames），在美国的加利福尼亚州，它还负责管理著名的爱德华兹空军基地上的NASA的设施，是主要的试飞中心；但是重要的研究也在弗吉尼亚州（Virginia）的兰利中心（Langley）和俄亥俄州（Ohio）靠近克利夫兰（Cleveland）的刘易斯中心（Lewis）进行。

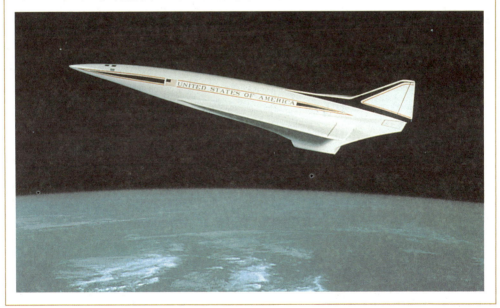

H.P.75/88/115飞机

● 激进的设计　● 英国研究项目　● 新技术

作为顶级制造商在科技前沿的研究工作，英国的汉德利·佩奇公司研制了一些先进的研究机。其中主要是三种飞机：用于研究无尾飞机的H.P.75"马恩岛"（Manx）飞机；用于测试"维克多"（Victor）轰炸机的镰形机翼（crescent-shaped wing）的H.P.88飞机；为"协和"项目做出宝贵研究的H.P.115飞机，探索了三角翼飞机的低速操控性能。

▲ 汉德利·佩奇公司处在新技术研究的前沿，但是当英国航空工业被精简时，该公司没再被保留作为一个独立的公司。

汉德利·佩奇公司 H.P.75/88/115飞机

◀ **完美的H.P.115飞机**
与H.P.75飞机不同，H.P.115飞机达到了其所有的设计目标，并证明了其具有远远超出其预期性能的能力。

▼ **潜力有限**
在显示了很多操纵和动力上的不足之后，该"马恩岛"飞机教给了汉德利·佩奇公司很多关于无尾飞机方面的问题，这要比其实用性方面多得多。

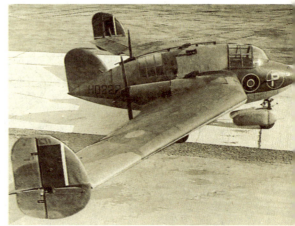

▲ 问题"马恩岛"飞机

在整个H.P.75项目中遇到了很多延误和技术问题，其中包括一名技术人员的死亡，其被卷进了其中的一个螺旋桨中。

◀ 维克多飞机上明显的印记

维克多的机翼显然在很大程度上要归功于H.P.88飞机的机翼。

▼ 杂交的H.P.88飞机

在其悲惨短暂的职业生涯中，采用了很多设计特性的奇怪组合使得H.P.88飞机很特别。

H.P.75/88/115飞机档案

◆ 1943年6月25日，在H.P.75飞机首飞时，它的座舱盖在33米（108英尺）的高度被吹掉了。

◆ 1952年，"马恩岛"飞机在只飞行了16小时53分钟之后，被烧毁成废钢。

◆ 虽然H.P.88飞机的设计在1947年就得到批准，但是其直到1951年才首飞。

◆ 到其首飞时，H.P.88飞机由维克托型机翼、攻击机机身和斯威夫特（Swift）翼根组成。

◆ H.P.115飞机的最高速度只受限于其低功率的发动机。

◆ H.P.115飞机在1974年2月1日进行了最后一次飞行。

汉德利·佩奇的原型机

■ C7型"汉考斯"（HANDCROSS）：作为一架轰炸机原型机，首飞于1924年，"汉考斯"飞机用于一些试验项目一直到1928年。

■ E型"哈喽"（HARROW）II飞机：虽然作为一架鱼雷轰炸机原型机是失败的，但是E型飞机试验了机翼前缘缝翼。

■ H.P.43飞机：虽然研制该机是为了满足英国皇家空军关于一架轰炸运输机的需求，但是H.P.43飞机从来没有投入生产。

■ H.P.47飞机：拉赫曼博士深入地涉及了悬臂翼H.P.47飞机的设计，该机的设计在很大程度上要归功于德国的技术。

H.P.115飞机

只完成了一架H.P.115飞机，最初的飞行由中队长J. M.亨德森（J. M. Henderson）驾驶，在首飞之前其在模拟器上进行了广泛的训练。该机从来没有进行过涂装。

座舱短舱的大部分位于三角翼前缘的下面。其可以容纳使用一个弹射座椅的一名单独的飞行员。该弹射座椅虽然可以进行零高度弹射，但是从来没有使用过，因为H.P.115项目是极其成功的，而且从来没有出过事故。座舱仪表最少化而且没有提供照明设备；电源只供下滑–侧滑指示器使用。

H.P.115飞机的大多数结构是铝合金，除了机翼前缘（由胶合板制成的）之外。这可以允许拆装可选的测试配置。

巨大穿孔减速板安装在每一个机翼半弦位置的上方和下方。它们由压缩空气驱动，功能上相当于无级变速分裂式襟翼。三个油箱，位于中心线的机翼结构内侧，可以装载682升（180美制加仑）燃油。

H.P.115飞机

机型： 旨在用于试飞三角翼低速操纵性的研究飞机

动力装置： 一台8.45千牛（1900磅）推力的布里斯托尔·西德利（Bristol Siddeley）BSV.9
涡轮喷气发动机

最大飞行速度： 400千米/小时（248英里/小时）

续航时间： 40分钟

重量： 空重1668千克（3667磅）；最大起飞重量2300千克（5070磅）

装载量： 只有一名飞行员

外形尺寸： 翼展　　　　6.10米（20英尺）

机长　　　　13.72米（45英尺）

机翼面积　　39.95平方米（430平方英尺）

一个矩形梁跨过飞机中心线的长度，组成了
三角翼的中间肋。在其前端，它支持驾驶
舱，在其后端，有一个供"蝰蛇"（Viper）
涡轮喷气发动机使用的发动机短舱。

XP841

由于该机只是用来研究低速操纵性，因此
没有要求为H.P.115飞机安装一个可收放
起落架，因为那样将会给飞机增加额外的
重量并且增加设计的复杂性。无论如何，
该机的性能表现是如此的好，以至于如果
换装一个动力更强大的发动机和可收放起
落架将可以扩展该研究计划。

汉德利·佩奇公司——预示着新时代

古斯塔夫·拉赫曼（Gustav Lachmann）是汉德利·佩奇公司历史上的重要人物，曾担任公司的多个职位，其中包括公司的首席设计师。在20世纪30年代后期，他确信，不用常规的尾翼装置也可以建造一架成功的飞机，而且这将会大大减轻飞机重量和结构的复杂性。

这一长时期持久的研发导致了无尾的H.P.75飞机的出现，这架飞机在1942年12月首次进行了不经意的飞行，并在1945年召开记者发布会时被命名为"马恩岛"飞机。该项目是不成功的，当H.P.75飞机的普通机组成员在1945年年底死于原型机"赫尔墨斯"（Hermes）上时，该项目被终止。

1947年，该公司转向试验不寻常布局的H.P.88飞机。该机把一架"超级马林"（Supermarine）攻击机的机身与一个在设计上相似于维克多"V"型轰炸机的机翼组合在一起。这架飞机被证明操纵起来很棘手，但是为了逐步提高马赫数，该问题被略过，直到其在1951年空中解体。当时飞行员遇难。

在"马恩岛"飞机的飞行控制系统上获得的经验在1961年研制H.P.115飞机时发挥了作用。这架新飞机被证明飞起来很愉快，并且其飞行远远超出了其设计包线。H.P.115飞机为"协和"飞机的发展做出了极大的贡献。该机现在保存在皇家海军航空兵基地尤维尔顿（Yeovilton）的海军航空兵博物馆。

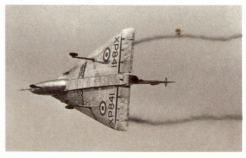

▲ 彩色烟雾和附着到机身上的羊毛簇绒可以让空气动力学专家监测H.P.115飞机上的气流情况。

◀ H.P.88飞机虽然出现在1951年的范堡罗英国飞机制造商协会（SBAC）航展上，但是该机于当年8月26日发生了空中解体。

作 战 数 据

动力

　　在战争的前期和早期年代，英国生产了一些极不寻常的飞机，其中每一个都试飞了激进的新空气动力特性。H.P.75飞机虽然有与迈尔斯（Miles）M.39B"里勃留拉"（Libellula）飞机完全相同的动力，但是表现令人失望。

H.P.75"马恩岛"飞机　　　M.39B"里勃留拉"飞机　　　　"翼龙"（PTERODACTYL）Mk V飞机
208千瓦（278马力）　　　208千瓦（278马力）　　　　　459千瓦（615马力）

最大飞行速度

　　汉德利·佩奇虽然希望能在"马恩岛"飞机上得到极大的改进，但是该机的表现还是没有20年前生产的同样动力的飞机好。韦斯特兰（Westland）的"翼龙"Mk V飞机是集一系列试验战斗机设计之大成。

H.P.75"马恩岛"飞机　　　235千米/小时（146英里/小时）

M.39B"里勃留拉"飞机　　　264千米/小时（164英里/小时）

"翼龙"（PTERODACTYL）Mk V飞机　　　266千米/小时（165英里/小时）

最大起飞重量

　　虽然最大起飞重量重于"里勃留拉"飞机，但是"马恩岛"飞机的起飞重量还是令人失望，因此该机与迈尔斯的飞机相比发展潜力很小。"翼龙"飞机的起飞重量更重，并且是三种飞机中唯一的一个携带机枪装备进行定期飞行的飞机。它是最有代表性的一种服役机型。

　H.P.75"马恩岛"飞机
1814千克（4000磅）

　M.39B"里勃留拉"飞机
1270千克（2800磅）

　"翼龙"（PTERODACTYL）Mk V飞机
2313千克（5100磅）